GEBIRGSDRUCK UND TUNNELBAU

VON

LADISLAUS VON RABCEWICZ

DIPL.-ING., O. PROFESSOR AN DER TECHNISCHEN HOCHSCHULE WIEN

MIT 57 TEXTABBILDUNGEN

UNVERÄNDERTER NACHDRUCK 1993

SPRINGER-VERLAG WIEN GMBH 1944

ISBN 978-3-7091-2325-6 ISBN 978-3-7091-2332-4 (eBook)
DOI 10.1007/978-3-7091-2332-4

Ursprünglich erschienen bei Springer-Verlag/Wien 1993

Vorwort.

Bei den geringen Erfahrungen, die in Ermanglung jeglicher einschlägiger Bautätigkeit in den letzten Jahrzehnten im Tunnelbau gemacht wurden, war nicht zu vermeiden, daß bei den Stollen- und Tunnelbauten, die in allerletzter Zeit ausgeführt wurden, Mißerfolge auftraten, die darauf zurückzuführen waren, daß den Ausführenden oder Bauüberwachenden das nötige Verständnis für die Grundprobleme des Tunnelbaues fehlte.

Wie wird denn vielfach bei kleineren Tunnelbauproblemen vorgegangen? Es sollen da ausdrücklich die ernster behandelten, großen Bauaufgaben beiseite gelassen und von den sogenannten „kleinen" Tunneln gesprochen werden.

Zunächst gibt sich der Bauherr häufig dem Glauben hin, daß ein „kleiner" Tunnel ein wenig riskantes und harmloses Unternehmen sei. Dies ist ein großer Irrtum, denn obwohl bei den „großen" Tunneln zweifellos zusätzliche Probleme auftreten, so darf keineswegs angenommen werden, daß kurze Tunnel mit geringen Überlagerungen keine schwierigen Bauaufgaben sind. Gerade derartige Tunnel sind durch ihre Neigung zu Tagbrüchen oft sehr unangenehm. Zu den schwierigsten Tunnelbauten in der Ostmark zählte z. B. der nur 530 m lange Hochstraßtunnel bei Friedberg in der Oststeiermark mit 30 m Überlagerung. Dabei ist noch in Betracht zu ziehen, daß die dort eingesetzte Unternehmung über ausgezeichnetes Personal mit den reichen Erfahrungen der langen Alpentunnel verfügte. Wäre damals eine Baufirma eingesetzt worden, die das erstemal solchen Problemen gegenüberstand, wie dies heute leider immer wieder vorkommt, hätte der Tunnel wohl aufgegeben werden müssen.

Die Verteilung der Rollen bei einem solchen „kleinen" Tunnel wird so vorgenommen, daß man zunächst nach grundsätzlicher Wahl der Lichtraumabmessungen dem „Statiker" den Tunnelquerschnitt zu rechnen gibt. Dieser, meist ohne praktische Kenntnisse im Tunnelbau, überschätzt die Grenzen, die seinem Fache in diesem Falle von der Natur gezogen sind, trifft auf Grund eines der wenigen Lehrbücher Annahmen, mit denen er rechnet. So entsteht der Querschnitt. Die zweite Rolle fällt der Bauunternehmung zu. Die Wahl der Bauunternehmung wird häufig entsprechend der Größe des Tunnels vorgenommen. Man hat auf keiner Seite Bedenken, beschafft sich einen Tunnelmeister mit Erfahrung und beginnt den Bau. — Bestenfalls, keineswegs immer, wird vor Beginn der Arbeiten ein Geologe herangezogen, der nur selten Ingenieurgeologe ist. Mit dem geologischen Gutachten, das manchmal eine andere Trasse als die endgültig gewählte behandelt und häufig nur eingeholt und dann nie mehr wieder zu Rate gezogen wird, sind die Vorbereitungen beendet. Ein Bodenmechaniker wird fast nie herangezogen.

Bei der Durchführung selbst regieren dann naturgemäß Meister und Mineure, denn sie sind die einzigen, die einige Erfahrung besitzen. Ist nun bei diesen Leuten einer dabei, der im Tunnelbau (nicht im Bergbau) grau geworden ist, so geht meist alles gut, denn er ersetzt durch sein Gefühl für den Berg und seine Bauerfahrung das, was in dem ganzen Gebäude fehlt, nämlich die Zusammenarbeit der einzelnen Fachgruppen. — Ist aber kein alter Tunnelfachmann dabei und treten irgendwelche Schwierigkeiten auf, so gibt es eben Mißerfolge, die dann auf das geduldige Konto „Höhere Gewalt" gebucht werden, tatsächlich aber meist vermeidbar gewesen wären.

Es scheint daher durchaus am Platze, einiges über die angreifenden Kräfte und über die dementsprechend zu wählenden Tunnelbau- und Betriebsweisen zu sagen und dabei die Notwendigkeit engster Zusammenarbeit zwischen den einzelnen Fachgruppen herauszustellen. Dabei läßt sich leider der Vollständigkeit halber nicht umgehen, auch eine Reihe allgemein bekannter Tatsachen zu erwähnen.

Wien, im September 1944.

L. v. Rabcewicz.

Inhaltsverzeichnis

A. Der Gebirgsdruck.

Die den vorübergehenden oder endgültigen Tunnelausbau belastenden Kräfte, der „Gebirgsdruck", sind im Wesen auf Ursachen zurückzuführen, die sich in folgende drei Hauptgruppen teilen lassen:

I. Auflockerung des Gebirges.

II. a) Das Gewicht der über dem Tunnel lastenden Gebirgsmassen.
b) Tektonische Kräfte.

III. Volumsvergrößerungen des Gebirges aus chemischen oder physikalischen Gründen, sogenanntes Blähen.

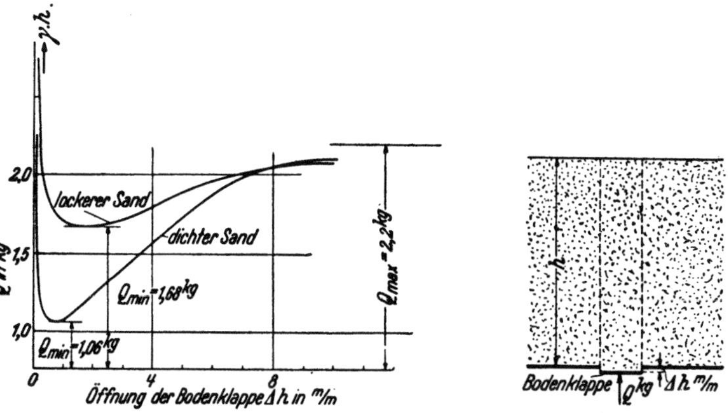

Abb. 1. Druck auf eine bewegliche Bodenklappe für lockeren und dichten Sand.

I. Der Auflockerungsdruck.

Der Auflockerungsdruck ist die einfachste und theoretischen Überlegungen, wie auch der versuchsmäßigen Erfassung noch verhältnismäßig am wenigsten schwierig zugängliche Form des Gebirgsdruckes.

In einer gewissen Tiefe einer Bodenart mit geringer Kohäsion (z. B. ungebundene Moränen, Flußablagerungen usw.) herrscht im ungestörten Gebirge der Druck $p = \gamma \cdot h$. Schafft man in dem Gebirge einen Hohlraum, so hat die damit verbundene geringste Ausdehnungsmöglichkeit der Hohlraumumgebung zunächst ein sofortiges Absinken des Druckes $\gamma . h$ zur Folge. Diese bereits bekannte Tatsache wurde in neuerer Zeit experimentell durch die Versuche Kienzls an der Technischen Hochschule in Wien nachgewiesen[29] (Abb. 1). In einem großen, mit Sand gefüllten Kasten, dessen Abmessung und Einrichtung Brückenbildungen durch die Seitenwände ausschloß, wurde eine bewegliche Bodenklappe angebracht. Der Druck auf diese Klappe wurde bei verschiedenen Öffnungen derselben gemessen. Das Absinken der Bodenplatte entspricht den Firstsenkungen der Zimmerung. Vorkehrungen verhinderten jegliches Ausfließen des Sandes.

Man stellte fest, daß der Druck nach Erreichen eines Minimums sofort nach Beginn der Öffnung der Bodenklappe mit deren fortschreitendem Senken wieder ansteigt und asymptotisch einem Höchstwert zustrebt. Der ursprüngliche Wert $\gamma . h$ wird aber bei weitem nicht mehr erreicht.

Die Versuche Kienzls wurden durch Fiebinger fortgesetzt [28]. Fiebinger verwandte zur Füllung seines Kastens

Abb. 2. Druckversuche in Sand nach Fiebinger.

dunklere und hellere Sandschichten. Die Bewegungen im Sandkörper konnten dabei durch eine Glasplatte beobachtet und im Bilde festgehalten werden (s. Abb. 2). Fiebinger machte seine Versuche mit feinerem und gröberem Sand und stellte zunächst übereinstimmend mit Kienzl fest, daß der Druck auf die Bodenklappe p mit zunehmender Senkung bis zu einem Maximum ansteigt. Er fand weiters, daß der die Klappe belastende Druckkörper die Form eines Keiles mit abgeschnittener Spitze besitzt, dessen größte überhaupt erreichbare Höhe $h_{max} = \frac{b}{2 \sin \varphi}$ ist, wobei φ den Winkel der inneren Reibung und b die Breite der Auflockerung darstellt. Das h wird dabei nur bis zu einem Maximalwert von der Senkung der Platte Δ p beeinflußt, steigt dann aber nicht mehr weiter an. Es treten damit eben Verhältnisse ein, die jenen bei der Entleerung von Silozellen gleichen.

Als eine Bestätigung dieser Versuche durch die Natur konnte der Verfasser die Entstehung derartiger keilförmiger Druckkörper sehr schön in den völlig homogenen Melker Sanden beobachten. Die reinen

Abb. 2a. Ausbildung keilförmiger Druckkörper in den Melker Sanden (nach Schadler).

feinkörnigen Quarzsande dieses geologischen Vorkommens, die ohne jedwede tonige Beimengung sind, stehen in lotrechten Wänden, ja sogar in kleineren Stollen und Höhlen ohne Zimmerung. In den meisten Hohlräumen nimmt das Gebirge im Laufe der Zeit die Form eines Spitzbogens an wie dies Abb. 2a zeigt.

Das Ausfallen des Keiles geschieht so, daß aus der zunächst bogenförmig oder horizontal ausgearbeiteten Stollenfirste in der Mitte Sand auszufließen beginnt *(1)* in Abb. 2b. Die Kerbe wird immer tiefer *(2)*, bis die bogenförmig überhängenden Flanken nach Überwindung der Zugfestigkeit abstürzen *(3)*, dann vertieft sich die Kerbe in der Mitte weiter *(4)*, die Flanken lösen sich erneut *(5)*, und zwar bis ein Gleichgewichtszustand erreicht wird, der bei einem gewissen Winkel α des Keiles eintritt, der um so spitzer wird, je weniger Kohäsion das betreffende Material besitzt.

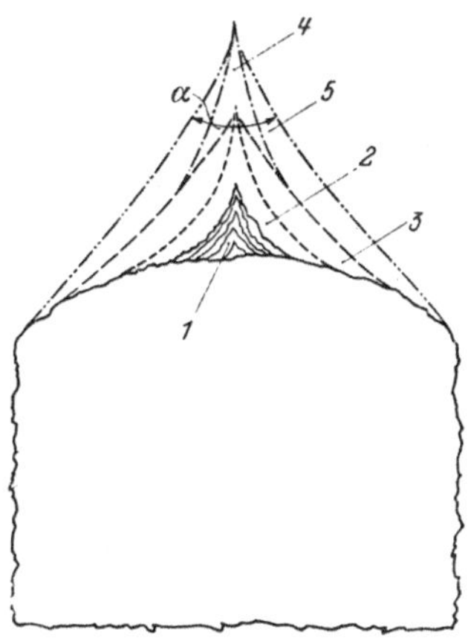

Abb. 2b. Ausbrechen von Firstkeilen in den Melker Sanden.

An Stelle des ursprünglich im Gebirgsinnern vorhandenen hydrostatischen Druckes tritt also der „Auflockerungsdruck“. Die Bezeichnung ist deshalb richtig, weil die Größe dieses Druckes im Bereiche zwischen Minimal- und Maximaldruck eine Funktion der Auflockerung ist. In den Versuchen der Abb. 1 ist die Größe der Auflockerung durch das Maß der Absenkung der Bodenplatte gegeben.

Gibt nämlich bei Tunnel- oder Stollenbauten in kohäsionslosen Lockermassen der vorläufige Ausbau nach oder erfolgt sonst Hohlraumbildung, so entstehen bei örtlichen Öffnungen, die ein Ausfließen des Materials gestatten sogenannte „Kamine“. Der Vorgang des Ausfließens kommt dann völlig jenem bei Siloentleerung gleich, oder aber es kommt bei Nachgeben des gesamten Ausbaues zur Bildung der beschriebenen Druckkörper, wobei das Maximum des Druckes für den Zustand der fortlaufenden Siloentleerung erreicht wird.

Über die Vorgänge bei Silozellen ist bekannt, daß der Druck zunächst während des Füllens in Abhängigkeit von der Füllhöhe, sehr bald aber unabhängig von dieser asymptotisch nur bis zu einer gewissen Höhe ansteigt, um dann sogar mehrere Stunden nach Beendigung der Füllung auf den Grenzdruck abzufallen. Im Augenblick der Bewegung der Platte fällt der Druck zum Minimaldruck ab. Bei

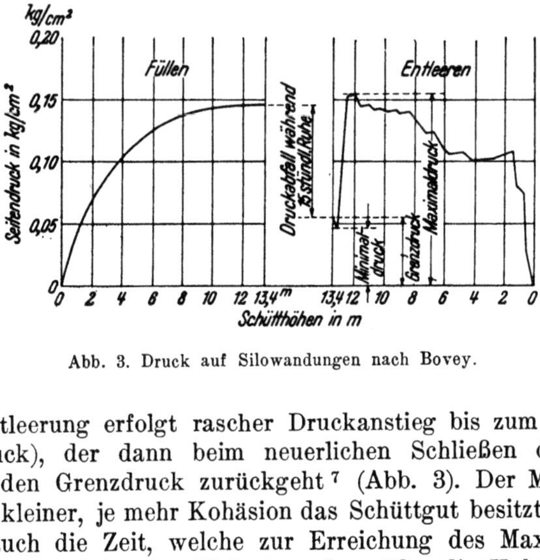

Abb. 3. Druck auf Silowandungen nach Bovey.

weiterer Entleerung erfolgt rascher Druckanstieg bis zum Höchstwert (Maximaldruck), der dann beim neuerlichen Schließen der Öffnung wieder auf den Grenzdruck zurückgeht [7] (Abb. 3). Der Minimaldruck wird um so kleiner, je mehr Kohäsion das Schüttgut besitzt. In gleicher Weise ist auch die Zeit, welche zur Erreichung des Maximaldruckes nötig ist, eine Funktion der Kohäsion. Je größer die Kohäsion, um so später wird der Maximaldruck erreicht.

Die Erscheinungen des First- bzw. Auflockerungsdruckes sind den erwähnten bei den Versuchen und bei Silozellen um so ähnlicher, je näher die Verhältnisse der Natur jenen des Vergleichsobjektes kommen.

Die Ursache des Auflockerungsdruckes liegt vor allem in den Mängeln unserer Minierung und des hiebei verwendeten vorübergehenden Ausbaues, der Setzungen und Hohlraumbildungen begünstigt.

Die Mängel der Minierung bestehen einerseits beim Holzbau bei kohäsionslosem und schwimmendem Gebirge in den Klüften und

Öffnungen zwischen den Vortriebspfählen, durch die Gebirgssubstanz abfließt, andererseits bei Arbeiten in Fels in der Störung des Gebirgsgefüges durch Sprengen. Für kohäsionsloses und schwimmendes Gebirge haben wir einwandfreie Bauweisen in dem Vortrieb mit Stahldielen (Kölner Bauweise) und im Schildvortrieb. Bei Fels ist ein praktisch verwendbares Gerät noch nicht gefunden, das den Querschnitt ohne größere Gefügestörung in der Nachbarschaft herausfräst, brennt oder schrämmt. Beim Tunnelbau ist dies nicht so sehr für den Richtstollen, als vor allem für den äußeren Umfang des Vollausbruches von Bedeutung. Derartige Maschinen wurden schon im vorigen Jahrhundert verschiedentlich gebaut, konnten bisher aber nur in mildem Gebirge bis weichem Fels befriedigen. Da allerdings haben sie sich ausgezeichnet bewährt. So wurden z. B. im Braunkohlen- und Kalibergbau in neuerer Zeit Schrämmbagger als Stollenvortriebsmaschinen mit Vortriebsleistungen von 25 m in 24 Stunden gebaut. Wenn man aber schon

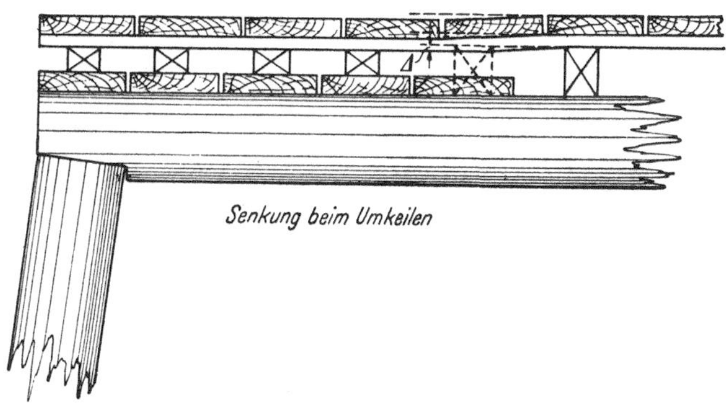

Abb. 4. Setzungen beim Auswechseln der Keile.

sprengen muß, so soll man wenigstens trachten, das Schießen in der Nähe der Tunnelwandungen auf wenige schwach und mit nichtbrisantem Sprengstoff geladene Schüsse zu beschränken und den eigentlichen Umfang des Querschnittes womöglich nur mit Pick- oder Abbauhämmern herauszuarbeiten.

Die Mängel des vorübergehenden Ausbaues haften vor allem dem meist gebräuchlichen Holzbau an.

Schon beim Stollenvortrieb beginnt es. Zunächst liegen die Vorsteckpfähle niemals satt am Gebirge an, weiters schafft das Schnappen der Pfähle beim Vortreiben einen Hohlraum, dann hat auch das Auswechseln der Keile bei rasch nachsitzendem Gebirge geringe Setzungen zur Folge (s. Abb. 4). Beim Scharen (Abb. 5) wird zunächst nur punktförmige Auflagerung* erzielt, erst der Druck schafft Auf-

* Als bewährtes Mittel zur Verringerung der Zusammenpressung bei den Holzverbindungen erwähne ich das Ausfüllen der Fugen und Hohlräume mit Zementmörtel.

lagerung auf größere Fläche. Das Aufsetzen der Steher oder Stempel auf dem Gebirge bedarf zur Kraftübertragung erst einer Senkung. Wenn auch durch Ankeilen geringe Auflagerflächen geschaffen werden, so genügen diese doch nicht für die zu übertragenden Kräfte. Endlich wird vielfach übersehen, daß die Bodenfestigkeit bei einer ganzen Reihe von Gesteinen (Tone, Tonschiefer, Schiefertone, Mergel, zerdrückte Gneise usw.) bei Feuchtigkeitsaufnahme rasch abnimmt. Der Steher sinkt dann ohne oder mit Unterlage mehr oder weniger in den Untergrund ein.

Sind die Senkungen im Bereiche des Stollenvortriebes noch verhältnismäßig klein, selten 10 bis 20 cm überschreitend, so betragen die Firstsenkungen beim Vollausbruch bei der meist verwendeten üblen Unterfangungsmethode der Längsträgerbauweisen ein Vielfaches

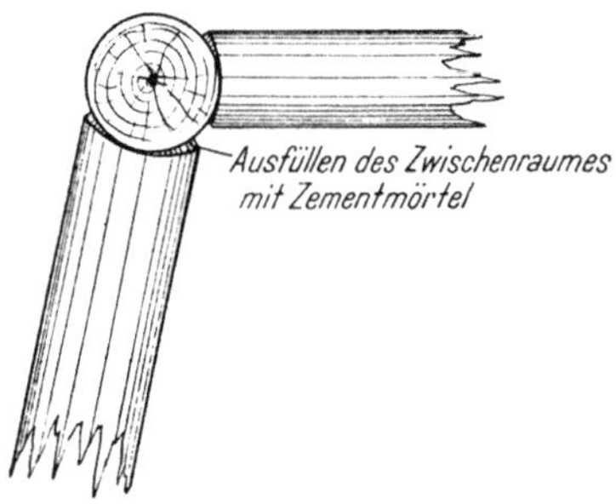

Abb. 5. Setzung durch Scharen.

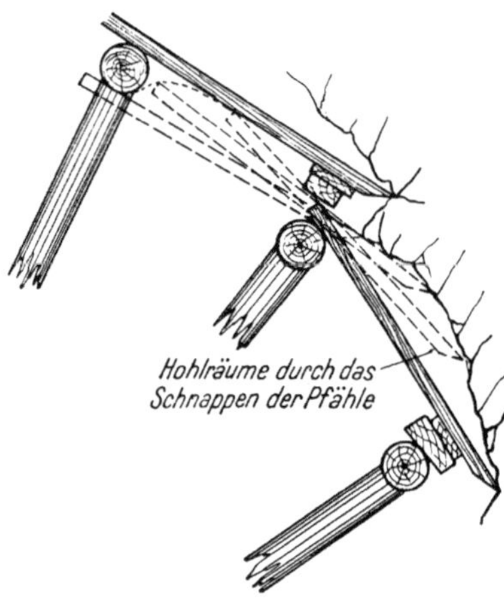

Abb. 6. Schnappen der Pfähle, Hohlraumbildung.

davon. Zu den beim Stollenvortrieb erwähnten Setzungsursachen treten nun noch zwei bedeutende hinzu, die wiederholte Durchbiegung der Langschwellen und das Nachgeben der Unterlage durch Überschreiten der Bodenfestigkeit oder durch das Abgraben mit zu steilen Böschungen. Letzteres besonders dann, wenn die Schichtung des Gebirges ein derartiges Abgleiten begünstigt (Abb. 7). Das Schnappen der Pfähle ist beim Vollausbruch noch ungünstiger, die Größe der Hohlräume nimmt dabei mit der Pfahllänge und mit der Krümmung der Kalotte zu (Abb. 6). Die Firstsenkungen aus allen Ursachen zusammen betragen nach Beendigung des Kalottenausbruches bei den großen Querschnitten bekanntlich 50 bis 100 cm und mehr.

Wird nun nach Beendigung des Kalottenausbruches das Firstgewölbe, wie dies bei der neueren Belgischen Bauweise geschieht, auf einen durchlaufenden Eisenbetonbalken gelagert eingezogen, so ist weiteren Senkungen halt geboten.

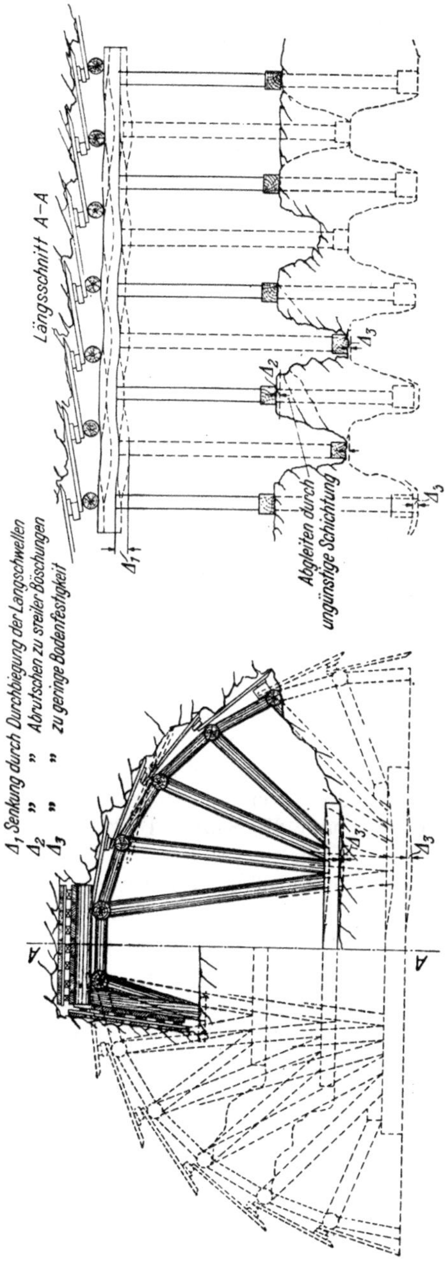

Abb. 7. Quer- und Längsschnitt durch den Ausbruch der Kalotte bei Längsträgerzimmerung. Die Zimmerung wird wiederholt unterfangen.

Wird aber das bereits stark gesetzte Zimmerungsgebäude nochmals unterfangen, wie dies bei der Österreichischen Bauweise üblich ist, so erfolgen weitere Setzungen.

Hier muß auch die geringe Druckfestigkeit des Holzes senkrecht zur Faser erwähnt werden. Heute ist man vielfach gezwungen frisches Holz zu verwenden, dessen Druckfestigkeit senkrecht zur Faser für Fichte etwa bei 60 kg/cm² liegt.

Bierbaumer hat im Jahre 1909 Druckversuche mit tunnelmäßig bearbeiteten Hölzern ausgeführt und ist zu folgenden Ergebnissen gekommen: [5]

Druckerscheinungen	Druck senkrecht zur Faser bei trockenem	
	Weichholz	Hartholz
1. Sattes Anliegen der Hölzer, ohne nennenswertes Einbeißen derselben	25 kg/cm²	50 kg/cm²
2. Kräftiges Einbeißen der Hölzer, jedoch ohne Zeichen der Zerstörung	50 kg/cm²	100 kg/cm²
3. Erste Anzeichen der Zerstörung, Krachen und Zerspringen	75 kg/cm²	150 kg/cm²
4. Allgemeine Zerstörung, durchgehende Sprünge und Auffaserung	100 kg/cm²	200 kg/cm²

Während Steher und Stempel noch keine Spur von Verformung zeigen, werden Langhölzer und Kappen bereits schwer eingepreßt, ja völlig vernichtet, Keile, Füllatten und Vorsteckbretter werden zerpreßt bevor ein Stempel knickt (Abb. 8 und 9).

Bei anderen, allerdings seltener verwendeten Tunnelbauweisen sind die Auflockerungen geringer. Die Kernbauweise z. B. läßt nur geringe Senkungen zu, wenn der Kern selbst sich nicht verformt. Ferner sind hier auch die Querträgerbauweisen zu nennen, die Bauweisen Rziha, Kunz und die Kölner Bauweise, endlich als die vollkommenste der Schildvortrieb.

Einer der bedeutendsten Faktoren für die Erzeugung des Auflockerungsdruckes, der nicht genügend in den Vordergrund gestellt werden kann, ist die Zeit. Je rascher ein Hohlraum geschlossen wird, um so geringer sind die Setzungen.

Vom Standpunkt der möglichst raschen Schließung des Hohlraumes durch den endgültigen Ausbau stehen die Querträgerbauweisen nach der Schildbauweise an erster Stelle. Bei den zumeist verwendeten Längsträgerbauweisen ist auch die Tunnelbetriebsweise (d. i. der Arbeitsverlauf in der Tunnellängsrichtung) von Bedeutung.

Erfahrene Tunnelbauer werden es verstehen, mit der „fortlaufenden Betriebsweise", bei welcher sich mehrere Ringe in verschiedenen Fertigstellungsgraden aneinanderreihen, den Querschnitt rascher zu schließen als bei der „Ringbauweise", bei welcher besonders die Aufbruchringe 8 bis 10 Wochen vom Beginn der Ausweitung bis zum Mauerungsschluß benötigen. Im allgemeinen wird also die „fortlaufende Betriebsweise" der „Ringbauweise" vorzuziehen sein, jedoch sind auch für diese Entscheidung wieder, wie stets im Tunnelbau, nur geologische Gesichtspunkte maßgebend (siehe unten).

Erfahrungsgemäß ist ferner der Auflockerungsdruck jedenfalls auch eine Funktion der Breite des Querschnittes, wobei man wohl annehmen darf, daß bei sonst gleichen Verhältnissen der Firstdruck etwa mit dem Quadrat der Lichtweite zunimmt.

Abb. 8.

Abb. 9.

Abb. 8 und 9. Auflockerungsdruck in der Kalotte eines zweibahnigen Straßentunnels, zerdrückte Langschwellen ∅ 35 cm (nach Henrich).

Da das Gebirge nur in Ausnahmefällen homogen ist (z. B. trockene, kohäsionslose Massen), sondern meist aus Gestein von bestimmter Lagerung und Störungsform besteht, so kann wohl kein Zweifel darüber herrschen, daß der Auflockerungsdruck weitgehend von den geologischen Verhältnissen abhängt. Es ist dabei falsch, den Querschnitt allein zu betrachten, man muß stets das räumliche Gebilde vor Augen haben.

Hinsichtlich der Lagerung lassen sich von den unendlich vielen Einfallen und Streichen des Gebirges, die bezüglich der Tunnellängsachse möglich sind, grundsätzlich drei Hauptrichtungen herausgreifen:

a) Streichen senkrecht zur Tunnelachse bei saigerem Einfallen (s. Abb. 10),

b) Streichen parallel zur Achse mit saigerem Einfallen (s. Abb. 11) und

c) paralleles Streichen mit söhliger Lagerung (s. Abb. 12).

Die günstigste Lagerung ist die zur Tunnelachse senkrechte. Nehmen wir keine Unterstützung des Gebirges durch eine Tunnelauskleidung an, so wird in diesem Falle jede Gesteinsschichte unabhängig von der benachbarten ein natürliches Gewölbe bilden, dessen Spannweite der Tunnelausbruchsbreite gleich ist.

Wesentlich ungünstiger ist der Fall für die saigere Parallellagerung. Eine gewölbeartige Verspannung in der Tunnelquerrichtung findet theoretisch gar nicht und praktisch nur dann statt, wenn die Schichten durch Reibung oder ein scherfestes Zwischenmittel miteinander im Verband stehen.

Nicht viel günstiger ist die söhlige Lagerung. Dabei werden die Schichten auf Biegung beansprucht. Die auskragenden Ecken fallen meist heraus, so daß die volle Tunnelbreite als Spannweite zu rechnen ist.

Welchen Einfluß hat nun die Lagerung auf die Wahl der Betriebsweise?

Der Fall a), bei dem saigere Schichten senkrecht zur Tunnelachse stehen, ist zweifellos der günstigste. Sind die Schichten nicht durch ein Zwischenmittel miteinander verbunden, so hat die rasche und organisatorisch vorteilhafte, fortlaufende Betriebsweise keinen Einfluß auf die Standfestigkeit des Gebirges, es ist gleichgültig, ob man nur einen Ring oder viele Ringe hintereinander in Arbeit hat, da jede Schichte sich in sich gewölbeartig verspannt. Ist jedoch eine Verbindung unter den Schichten vorhanden, so ist zusätzlich auch in der Längsrichtung mit einer Gewölbewirkung zu rechnen, die naturgemäß um so kleiner wird, je größer die Spannweite ist, also je mehr Ringe hintereinander in Arbeit stehen. Die Lagerung senkrecht zur Achse ist also die gegebene für die Anwendung der fortlaufenden Betriebsweise.

Im Falle b), Schichtstreichen parallel zur Achse, saigeres Einfallen, ist größte Vorsicht geboten. Von einer Gewölbewirkung kann bei nicht miteinander verbundenen Schichten nur in der Längsrichtung gesprochen werden. Die Widerlager der Gewölbe von der Spannweite l (Abb. 11) bilden dabei entweder unberührtes Gebirge oder fertiggestellte Tunnelringe, zumindest fertiggestellte Firstgewölberinge. Dies bedeutet möglichst kleine Abstände zwischen solchen Festpunkten, also keine fortlaufende Betriebsweise mit Langschwellenzimmerung, und wenn schon Langschwellenzimmerung, dann Ringbetriebsweise oder noch besser eine der Querträgerbauweisen.

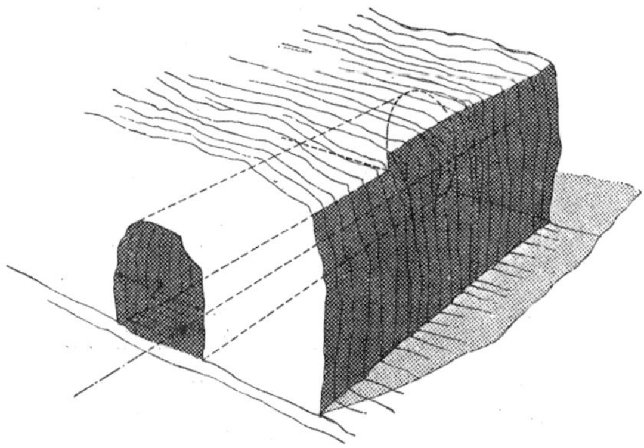

Abb. 10. Schichtstreichen senkrecht zur Tunnelachse bei saigerem Einfallen.

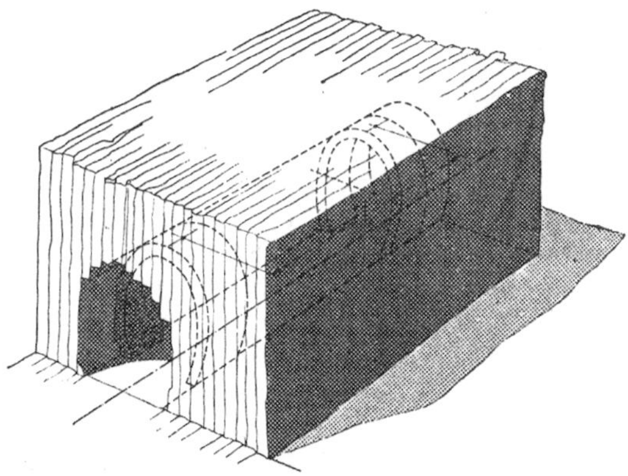

Abb. 11. Streichen parallel zur Achse bei saigerem Fallen

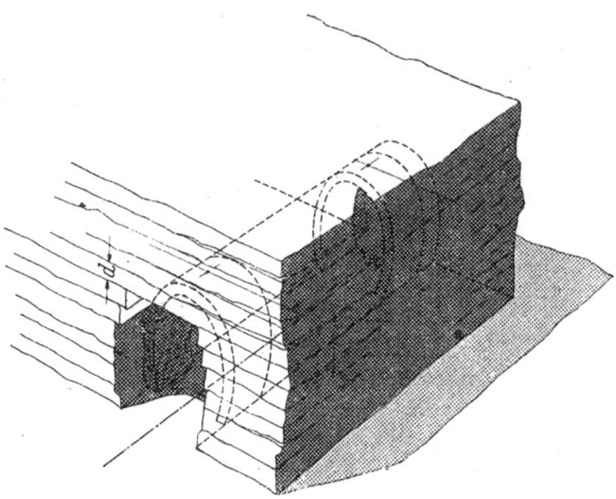

Abb. 12. Streichen parallel zur Achse bei söhliger Lagerung.

Abb. 10—12. Räumliche Darstellung der Gebirgslagerung in bezug auf die Tunnelachse.

Durch eine Verkittung der Schichten werden auch die Verhältnisse bei Fall b) gebessert, und zwar insofern als auch in der Querrichtung dann Gewölbewirkung eintritt.

Im Falle c), söhlige Lagerung, brechen die Bänke oder Platten in der Mitte und an den Rändern. Die Mitte legt sich zuerst auf die Firste des Ausbaues, dann erst sinken die Ränder nach. Oft legen sich sogar mehrere Schichtpakete übereinander, zuerst in der Tunnelmitte auf die Firste, bevor die Ränder nachsinken. Ist in einem solchen Fall das Gewölbe nicht oder nicht genügend hintermauert, z. B. nur trocken hinterschlichtet, wozu gerade in diesem Falle die großen Überprofile der herausgefallenen Ecken reizen, geht der Tunnel natürlich zu Bruch. Aber auch für den vorübergehenden Ausbau sind solche auf einen kleinen Teil des Querschnittes auftretende Drücke nicht angenehm.

Der Fall c) liegt in der Beurteilung seines Verhaltens während des Baues etwa zwischen a) und b). Gewisse Gewölbewirkungen sind in Quer- und Längsrichtung zweifellos zu erwarten, in welchem Maße hängt von der Dicke der Schichten d und der Spannweite l_1 und l_2 in jeder Richtung ab (s. Abb. 12). Die Ausfüllung der Schichten mit einem Zwischenmittel spielt hier nur eine geringe Rolle, immerhin kann gute Verkittung durch ein scherfestes Zwischenmittel manchmal zur Aufnahme größerer Schubkräfte befähigen.

Andererseits gibt aber der Fall c) leicht zu Unglücken Anlaß. Der Stollenfirst wird durch eine, völlige Sicherheit vortäuschende Platte gebildet. Die Mineure vergessen durch Abklopfen von Zeit zu Zeit zu kontrollieren, ob die Platte nicht hohl liegt. Plötzlich löst sich die Platte — in der Bergmannsprache bezeichnend „Sargdeckel“ genannt — und erschlägt die darunter arbeitenden Menschen. Daher häufige Kontrolle und Einbauen, sobald die Firste hohl klingt!

Wenn ich die fortlaufende Betriebsweise und die Längsträgerbauweisen im Falle b) und c) als ungünstig bezeichne, so gilt dies jedoch nicht ohne Vorbehalt. Denn wenn auch vom Standpunkt der geringsten Erzeugung von Auflockerungsdruck die Querträgerbauweisen in allen Fällen den Längsträgerbauweisen vorzuziehen sind, so kann doch auch in diesem Falle eine Längsträgerbauweise sogar mit fortlaufender Betriebsweise mit Erfolg verwendet werden, wenn der Bau auf kürzeste Arbeitslängen begrenzt, mit größtem Arbeitseinsatz denkbarst rasch durchgeführt wird. Ja es kann die viel raschere, fortlaufende Betriebsweise auch in diesem Falle der Ringbetriebsweise überlegen sein, wenn die Größe der Auflockerung aus irgendwelchen geologischen Ursachen in besonderem Maße von der Zeit abhängig ist.

In seiner mannigfachen Lagerung in Beziehung zur Tunnelachse kann der Auflockerungsdruck natürlich auch von der Lotrechten abweichende Kräfte ausüben. Jedem Tunnelfachmann sind Schubwirkungen auf die Zimmerung nicht nur von der Seite, sondern auch in der Längsrichtung bekannt, bzw. schräg zur Achse angreifende Kräfte, die dann den vorläufigen Ausbau in besonders unangenehmer Weise verdrehen. Derartige Kräfte finden u. a. in dem Abgleiten entlang schief zur Tunnelachse liegenden Gebirgsschichten ihre Erklärung.

Von derselben ausschlaggebenden Bedeutung für die Bildung des Auflockerungsdruckes wie das Streichen und Fallen ist ferner Klüftung oder Aufspaltung des Gebirges durch tektonische Störungsvorgänge. Derartige Aufspaltungen des Gebirges können oft von primärer Wirkung auf die Druckbildung sein, z. B. wenn die durch Störungen entstandenen Klüfte offen, jedoch jene der ursprünglichen Gebirgsbildung geschlossen und verkittet sind.

Als Beispiel, daß man sich durch scheinbar günstiges Schichtstreichen und Fallen keineswegs ohne weiters beeinflussen lassen darf, seien hier die geologischen Verhältnisse des Steilhanges zwischen km 220 und 231 der Elburs Nordrampe der Transiranischen Eisenbahn erwähnt. Der Steilhang mit vielen Einschnitten, Nasentunneln und einem Kehrtunnel liegt im Kohlenkalk und zeigte denkbarst günstiges Einfallen gegen den Berg. Die 20 bis 50 cm starken Schichten sind mit Tonlassen untersetzt und völlig dicht verkittet. Das Entscheidende waren aber offene Störungsfugen senkrecht zum Fallen, die manchmal unbedeutende Kalkabsonderungen zeigten. Durch die Bauarbeiten wurde der bisherige Verband gestört, die dichtende Lehm- und Humusschichte aufgerissen, dem Wasser durch die offenen Störungsklüfte der Weg in die tieferen Lagen geöffnet, wo es das Zwischenmittel erweichte. Die Strecke zeigte eine Reihe von Auflösungsniederbrüchen und Auflockerungsdruckerscheinungen in den Tunneln. Maßgebend für das Verhalten des Gebirges war also nicht das günstige Schichtfallen zum Hang, sondern die lotrecht dazu stehende Klüftung.

Bei der Beschreibung des Auflockerungsdruckes muß auch der sogenannte „dynamische Gebirgsdruck" erwähnt werden. Man versteht darunter den Druck, den eine in Bewegung befindliche Gebirgsmasse auf den Einbau ausübt. Zunächst muß festgestellt werden, daß der Ausdruck „dynamischer Gebirgsdruck" in dieser Verbindung als irreführend nicht verwendet werden soll. Man denkt bei dem Wort „dynamisch" unwillkürlich an Wirkungen, die mit der Geschwindigkeit etwas zu tun haben, womöglich mit ihr quadratisch wachsen. Daß dies irrig ist zeigt die folgende Überlegung. Nehmen wir ein krasses Beispiel. Über einem zweigleisigen Eisenbahntunnelring wäre durch mangelhaften Einbau eine Masse von 30 m Höhe in Bewegung, ihr Gewicht betrage $8\,\text{m} \,.\, 10\,\text{m} \,.\, 30 \,.\, 1{,}8\,\text{to/m}^3 = 4\,300\,\text{to}$. Die Geschwindigkeit der Bewegung betrage 1 m in 24 Stunden. Die Wucht dieser Masse ist dann

$$\frac{1000\ G^{to} \,.\, v^2}{2\,g} = \frac{1000 \,.\, 4300 \,.\, 1^2}{2 \,.\, 9{,}81 \,.\, 86.400^2} = 3{,}0 \,.\, 10^{-5}\ \text{kg/m},$$

$$\text{ihre Leistung} = \frac{43 \,.\, 10^5}{864 \,.\, 10^2} = 0{,}05 \,.\, 10^3 = 50\ \text{kg/m} \,.\, \text{sek}^{-1}.$$

Erst eine Geschwindigkeit von 0,000017 m/sek. oder 1,50 m in 24 St. würde einer Leistung von 1 PS entsprechen. Solche Bewegungen bedeuten in der Praxis eine kaum zu rettende Situation. Bewegungen von dieser Größenordnung können als lotrechtes Absinken von Massen, die auf einem Tunnel ruhen, wohl höchstens durch kurze Zeit beobachtet werden, weil der Einbau bei der Größe der Formänderung bald zerstört wird und dann Einsturz folgt. Dagegen hat man bei Rutschungen auf geneigtem Gelände manchmal Gelegenheit, die Auswirkungen solcher Bewegungen zu verfolgen.

Die Ursache der zerstörenden Wirkung einer bewegten Gebirgsmasse im Tunnel- und Erdbau ist also nicht die Geschwindigkeit, sondern ein rein statischer Druck. Der völlig irreführende Ausdruck „dynamischer Gebirgsdruck" wäre daher durch einen treffenderen zu ersetzen. Da die Größe des Auflockerungsdruckes von dem Vorhandensein oder Fehlen gewölbeartiger Verspannungen abhängig ist, wäre es richtiger von „verspanntem" oder „nicht verspanntem" Auflockerungsdruck zu sprechen.

Beim „nicht verspanntem" Auflockerungsdruck kommen ähnliche Wirkungen zustande, wie sie bei der Entleerung eines Silos herrschen, es wird der Maximaldruck erreicht.

Im Tunnelbau wird der Zustand der Entleerung einerseits durch direkten Abtransport von Gebirgssubstanz durch Wasser oder Ausfließen rolligen Gebirges durch Zimmerungsöffnungen hergestellt, andererseits durch die beschriebenen Hohlraumbildungen infolge der Mängel der Zimmerung beim Stollenvortrieb und Vollausbruch. Das „Schließen des Verschlusses", dem das Absinken des Maximaldruckes auf den Grenzdruck folgt, geschieht praktisch durch Ersetzen der deformierbaren Zimmerung durch einen unzusammendrückbaren Körper. Dies kann nun der definitive Ausbau sein. Aber auch den vorläufigen Ausbau kann man in kritischen Fällen durch raschen Einbau von Hilfskonstruktionen in einen unzusammendrückbaren Körper verwandeln.

Es sei hier eine Bauweise beschrieben, die der Verfasser aus diesen Überlegungen heraus erdacht, wiederholt bei Ringen, die dem Einsturz nahe waren, mit bestem Erfolg angewendet hat. Es handelt sich dabei um Einbau von Betonscheiben in kurzen Abständen, senkrecht zur Tunnelachse, die den nachgebenden Holzeinbau unterstützen.

Gewöhnlich zeigen sich bei der meist gebräuchlichen Längsträgerbauweise Druckerscheinungen erst dann in bedenklichem Maße, wenn der Ausbruch der Kalotte schon weit vorgeschritten oder bereits vollendet ist. Bleiben die Druckerscheinungen nur auf die Kalotte beschränkt, so ist die Situation noch nicht kritisch. Greifen sie aber auch auf den Sohlstollen über, so bedeutet dies, daß die Gesteinsschichte zwischen Kalotte und Sohlstollen in Bewegung geraten ist und damit das ganze Zimmerungsgebäude der Kalotte kein sicheres Auflager mehr hat. Man ist dann vom Verbruch des Tunnelringes nicht mehr allzuweit entfernt. Rasch vorgenommene Verstärkungen mit Holz im Sohlstollen und in der Kalotte können wohl gelingen. Der Erfolg ist aber keineswegs verbürgt und dann bleibt immer noch das Ausbrechen des Ringes unter schwerstem Druck, das Nachnehmen an Stellen, wo die Zimmerung in das Mauerungsprofil hereingedrückt wurde, ein schwerer Kampf mit dem Berg bis endlich der Schluß gelingt. Viel einfacher und sicherer

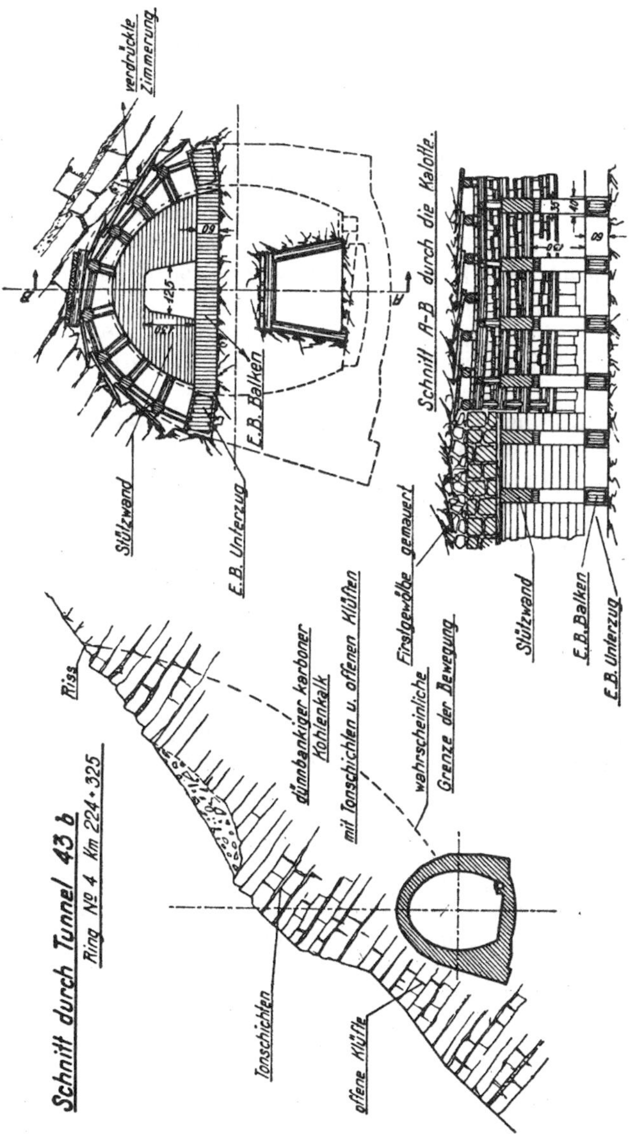

Abb. 13. Darstellung der Betonstützwandbauweise in Anwendung bei nicht verspanntem Auflockerungsdruck.

ist die Anwendung des erwähnten Scheibeneinbaues, der nachstehend an einem Beispiel beschrieben werden soll.

Bei einem Hangtunnel in Los 9 der Transiranischen Nordrampe war der Sohlstollen durchgeschlagen, die Kalotte der ersten drei an den Portalring anschließenden Ringe ausgebrochen. Der Tunnel durchörtert eine Nase, die in dünnbankigem Kohlenkalk liegt, dessen Eigenschaften bereits oben beschrieben wurden. Nach einer Periode anhaltender Frühjahrsregen trat schwerer Druck auf der Bergseite auf. Gleichzeitig zeigte sich ein Riß auf dem Hang bergseits des Tunnels, der sich entlang der ersten vier Ringe gegen den Voreinschnitt verlief, wobei die Abstände des Risses von der Tunnelmitte gegen das Portal hin abnahmen. Eine der Hauptursachen der Bewegung war der schwere Fehler, daß die Kalotte in der Nähe des Voreinschnittes auf mehrere Ringe zusammenhängend ausgebrochen wurde und dann noch im ausgebrochenen Zustand längere Zeit auf Holz gestanden hatte. Dieser ursprüngliche keineswegs beabsichtigte Bauzustand war auf Organisationsschwierigkeiten und den Mangel an Facharbeitern zurückzuführen.

Bei der kritischen Lage des Tunnels mußte ein Einsturz unbedingt vermieden werden, weil ein solcher schwere Rutschungen im Hang zur Folge gehabt hätte (s. Abb. 13). Nach vorläufigen Verstärkungsarbeiten betonierte man in Abständen von 1,50 m 35 cm starke Stützwände hoch, die auf Eisenbetonunterzügen ruhten. In den Stützwänden wurde nur eine kleine Öffnung in der Mitte als Verbindung gelassen. Gleichzeitig wurde unter jeder Stützwand im Sohlstollen ein Betonrahmen hergestellt, der als Längsverband zwei Normalbahnschienen erhielt. Die Stützwände füllten nur den Tunnellichtraum, so zwar, daß man noch Platz genug hatte, um die Schalung für die Kalottenmauerung daraufzulegen.

Die Erstellung dieser Hilfskonstruktion nahm nur drei Tage in Anspruch. Man arbeitete mit hochwertigem Zement und konnte nach kurzer Erhärtungszeit die Langschwellen durch kurze Stempel auf die Betonwände abstützen.

Nachdem in dieser Weise der geschaffene Hohlraum, der ja die Ursache der Bewegung gewesen ist, so ausgebaut wurde, daß ein Zusammendrücken nicht mehr in Frage kam, beruhigten sich die Bewegungen, die etwa 2 cm im Tag betrugen, in kurzer Zeit völlig, die Druckerscheinungen nahmen nicht weiter zu, und man konnte nach einer Wartezeit von vier Wochen mit dem Nachnehmen des hereingedrückten Teiles beginnen, was ohne Schwierigkeiten vonstatten ging.

Hierauf folgte die Mauerung der Kalotte und die Erstellung der Widerlager in der üblichen Weise ohne weitere Zwischenfälle.

Die Betonverstärkungen blieben noch durch Monate im Bauwerk und wurden erst kurz vor der Schienenlegung herausgenommen. Der Tunnel wurde beobachtet und zeigte während der drei darauffolgenden Jahre keine wie immer gearteten Veränderungen.

Von verschiedenen in dieser Weise ausgeführten Fällen wurde nur dieser eine herausgegriffen.

Die Bauweise ist auch durchaus wirtschaftlich. Der Einbau der beschriebenen Hilfskonstruktion kostet 15 bis 20 v. H. der Gesamtkosten eines Ringes. Dagegen betragen die Mehrkosten eines verbrochenen Ringes im günstigsten Fall 100% der normalen Baukosten. Die Rettung der Situation vermeidet außerdem zusätzliche Schwierigkeiten, die oft von weittragenderer Bedeutung sind als die Mehrarbeit, die durch eine Rekonstruktion entsteht. Als solche sind z. B. zu nennen die Unterbrechung der Transportmöglichkeit bei längeren Tunneln, welche Stillegung des Tunnelbetriebes vor der kritischen Stelle bedeutet oder im erwähnten Beispiel die Entstehung einer ausgedehnten Hangrutschung, deren Sanierung bei der Steilheit des Geländes außerordentlich schwierig gewesen wäre.

Leider konnten bei keinem der Fälle Druckmessungen durchgeführt werden, so daß man zwar die Tatsache des Nachlassens des Gebirgsdruckes und des nur geringen Druckanstieges nach Wiederaufnahme der Arbeit deutlich feststellen konnte, aber nicht die Größen der Kräfte kannte.

Die Ähnlichkeit der Verhältnisse beim Auflockerungsdruck mit jenen im Silo ist um so größer je kohäsionsloser das Gebirge ist. Auch bei bindigen Böden treten ähnliche Wirkungen ein, jedoch mit dem Unterschied, daß sowohl die Druckentlastung nach Eintreten des Ruhezustandes als auch der neuerliche Druckanstieg bei erneuter Störung des Gleichgewichtes längerer Zeit bedarf als bei kohäsionslosem Material.

Dies wird durch die erwähnte Beobachtung bestätigt, daß das neuerliche Ausbrechen eines Ringes erst nach einer entsprechenden Ruhepause ohne Schwierigkeiten und mit geringen Druckäußerungen vor sich geht.

Stellt man nach einer Wartezeit von einem bis zwei Monaten einen verbrochenen Ring in bindigem Boden wieder her, so kann man die Feststellung machen, daß die verbrochene Masse so verdichtet ist, daß häufig auch die kleinsten Hohlräume zwischen dem zertrümmerten Einbauholz von plastischem Gebirge ausgefüllt sind. Der Ausbruch geht ohne Schwierigkeiten vonstatten, lotrechte Wände der verbrochenen Masse bedürfen häufig nicht einmal der Zimmerung.

Hierher gehört auch die Erfahrung, daß man bei einem Tagbruch gut tun, die Pinge sofort wieder möglichst dicht zu verfüllen und für Wasserableitung zu sorgen, mit den Wiederherstellungsarbeiten aber zu warten. Denn je homogener und hohlraumloser die verbrochene Masse durch den Druck der Auflast wird, um so leichter ist die Wiederherstellung.

Diese Erscheinung der Verspannung und Verdichtung der Lockermassen gibt auch wohl die Erklärung für die Tatsache, daß der Auflockerungsdruck nur in ganz seltenen Ausnahmefällen zur Zerstörung des endgültigen Tunnelbaues geführt hat. So schwer man manchmal während des Baues besonders in rolligem Gebirge mit Auflockerungsdruck zu kämpfen hat, kann man doch des Sieges über die Naturkräfte sicher sein, wenn der Gewölbeschluß gelungen ist.

Auflockerungsdruck ist also für den erfahrenen Tunnelbauer meistens harmlos. Von dieser Harmlosigkeit sind ausdrücklich einige Sonderfälle auszunehmen, und zwar Rutschungen an steilen Berghängen, die durch Tunnelausbruch mit geringer Überlagerung entstehen, also im weiteren Sinne ebenfalls in das Kapitel des Auflockerungsdruckes gehören und vor allem aber das schwimmende Gebirge.

Das schwimmende Gebirge ist die zweifellos unangenehmste Form des Auflockerungsdruckes. Die Bezeichnung Auflockerungsdruck ist eigentlich hier nur mehr insofern am Platze, als der Zustand des Schwimmens meist über die Auflockerung erreicht wird. Die Druckverhältnisse selbst nähern sich mit zunehmender Verflüssigung steigend dem hydrostatischen Druck. Die Ursachen des Schwimmendwerdens liegen in der Veränderung des physikalischen Verhaltens der Böden bei Wasseraufnahme. Wasser setzt die Minierfähigkeit rolligen Bodens insbesondere des Sandes aber auch die bindigen Bodens in hohem Grade herunter. Die in trockenem Zustand auch bei Sand oft stehende Stollenbrust fließt: der Böschungswinkel fällt auf 1 : 10 und weniger. Das bei normalem bergmännischen Betrieb durch die Zimmerung in den Stollen dringende Bergwasser führt Feinsand mit und es läßt sich auch bei dichtester Zimmerung nicht vermeiden, daß sich so Hohlräume bilden, die immer größere Auflockerungen zur Folge haben und die Umgebung des Stollens in eine breiige Masse verwandeln. Der Druck steigt rasch durch Erhöhung des spezifischen Gewichtes infolge der Ausfüllung der Poren mit Wasser, ferner durch die bedeutende Herabsetzung des Böschungswinkels und endlich infolge der Auswirkungen des Strömungsdruckes [15].

Besonders heimtückisch sind in dieser Hinsicht Schiefertone und Mergel, die beim Vortrieb und bei der Ausweitung in trockenem Zustand geschossen werden müssen. Bei Wasserzutritt entweder von außen durch durchsickerndes Tagwasser oder aus dem Berginnern verwandelt sich dann das durch Schießen und Setzungen gelockerte Gebirge in kürzester Zeit in eine breiige, fließende Masse, die durch die Ritzen der Zimmerung dringt, höchst druckhaft wird und so häufig zu Firstbrüchen Anlaß gibt. Dies geschieht um so leichter, da durch das bisherige völlig harmlose Verhalten des Gebirges nur schwach eingebaut wurde und es nicht mehr gelingt, im Wettlauf mit dem raschen Druckanstieg durch den Verflüssigungsprozeß Sieger zu bleiben.

Mit kurzen und verhältnismäßig harmlosen Strecken schwimmenden Gebirges wird man fertig, indem man durch sie einen möglichst dichten Stollen durchführt, wobei auf die vorteilhafte Verwendung von Stahldielen und eisernen Stollenrahmen hingewiesen wird. Die anschließenden besseren Strecken werden dann in kräftiger Mauerung völlig fertiggestellt und mit diesen Festpunkten als Stützen die Ausweitung der gefährdeten Strecke vorgenommen.

Zum Schluß des Kapitels Auflockerungsdruck sei noch eine vom Verfasser erdachte Abänderung der Betonstützwand-Bauweise beschrieben, die man dann anwenden wird, wenn äußere Umstände z. B.

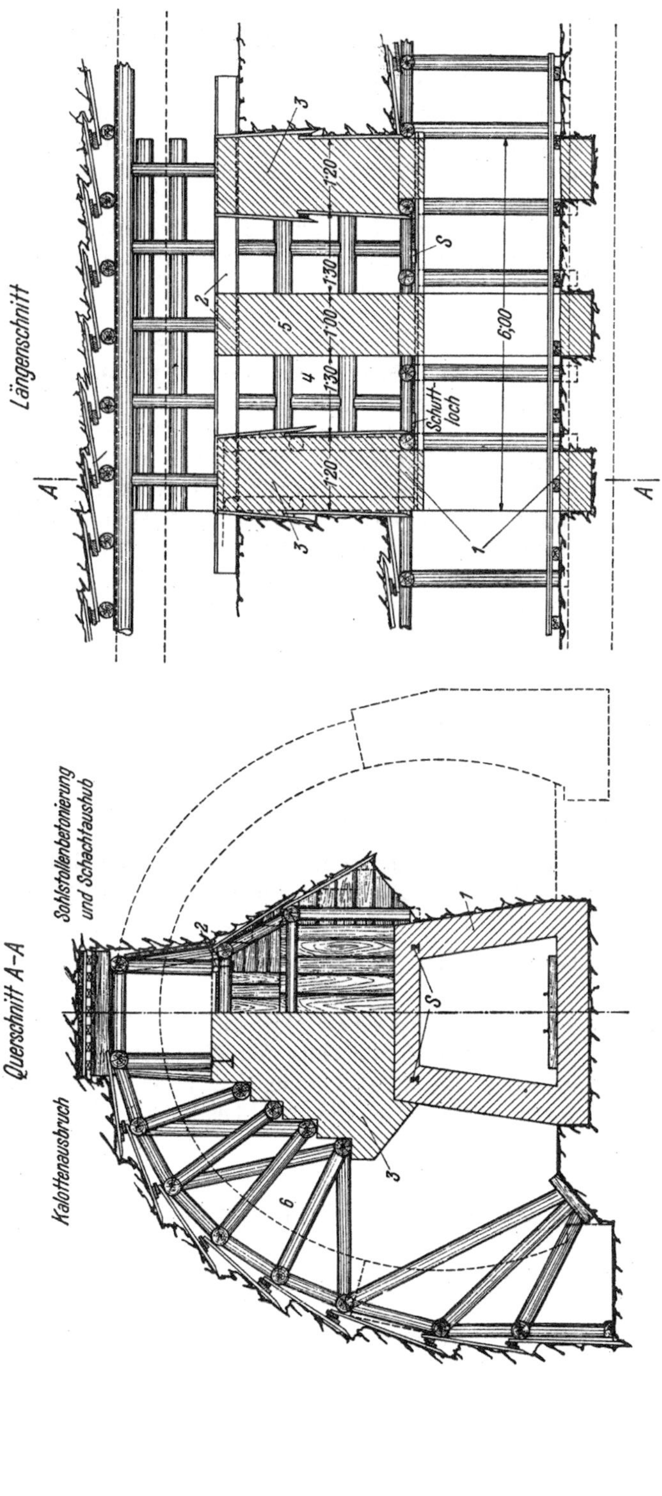

Abb. 14. Darstellung der Betonstützwandbauweise zur Herstellung von Festpunkten.

Bauten über dem Tunneldach bei geringer Überlagerung zu besonders vorsichtigem Vorgehen zwingen. Es handelt sich dann nicht darum, entstandene Bewegungen zum Stehen zu bringen, sondern nach Möglichkeit jede Setzung überhaupt zu vermeiden. Je nach der Gewölbeverspannung, die man dem Gebirge zumuten kann, wird man entweder jeden zweiten oder dritten Ring als Festpunkt ausbilden und zum Ausbruch dieser Festpunkte eine Bauweise verwenden, die der früher beschriebenen sehr ähnlich ist. Der Verfasser hat sie zuerst bei der Nordrampe der Transiranischen Eisenbahn angewendet, aus ihr entstand die früher beschriebene Scheibenbauweise für nicht verspannten Auflockerungsdruck. Den Vorgang bei dieser Bauweise zeigt Abb. 14.

Sohl- und Firststollen seien bereits vorhanden. Vor Beginn des Vollausbruches werden im Sohlstollen in Abständen von rund 1,50 bis 2,0 m Betonrahmen (1) hergestellt, die untereinander mit Normalbahnschienen s verbunden sind. Auf der Sohle des Firststollens werden dann 2 Träger (2) verlegt, die Kronbalken eingezogen und auf die Träger abgestützt. Die Träger liegen auf der Firststollensohle der benachbarten Ringe. Dann werden an den beiden Ringenden über den entsprechenden Betonrahmen Schächte abgeteuft und über den freigelegten Betonrahmen je eine Betonwand hochgezogen (3). Je nach Ringlänge hebt man nun entweder bei kurzen Ringen den ganzen Raum zwischen den beiden Scheiben aus (4) und führt in der Mitte nur noch eine Scheibe hoch (5) oder bei längeren Ringen, bei denen noch zwei Scheiben auszuführen sind, muß man unter Umständen noch einen Schacht abteufen, um eine zu starke Durchbiegung der Firststollenunterstützung zu vermeiden. Nach Fertigstellung der Scheiben werden Kalotte und Widerlager ausgebrochen (6) und der Ring, wie bei der Österreichischen Bauweise, von den Widerlagern beginnend hochgemauert.

Man vermeidet bei dieser vorsichtigen Bauweise jede Setzung durch wiederholte Unterfangung der Kalottenzimmerung [31].

II. Echter Gebirgsdruck durch Überlagerung und tektonische Kräfte.

Als „echter Gebirgsdruck" soll zum Unterschied vom Auflockerungsdruck, bei dem die Güte der Minierung von ausschlaggebendem Einfluß auf die Druckbildung ist, jener Druck bezeichnet werden, der durch Naturkräfte, die eine bestimmte Richtung haben, bedingt ist.

Diese Richtungskräfte sind:

a) Die Schwerkraft, das Gewicht der Überlagerung,

b) Tektonische Kräfte.

Sichtbare Äußerungen des echten Gebirgsdruckes sind überall dort zu erwarten, wo der durch Überlagerung oder tektonische Kräfte erzeugte Druck die Druckfestigkeit des Gebirges (— nicht die des Gesteins —) im Horizont des Tunnels übersteigt.

Die Erscheinung des echten Gebirgsdruckes blieb lange Zeit unerkannt. Erst die beim Bau des Simplontunnels aufgetretenen gewaltigen Druckerscheinungen gaben Veranlassung zu einem lebhaften Meinungsaustausch im Schrifttum zwischen den Schweizer Geologen A. Heim und Schmidt und den Ingenieuren E. Wiesmann, Brandau und v. Willmann als Tunnelfachleuten.

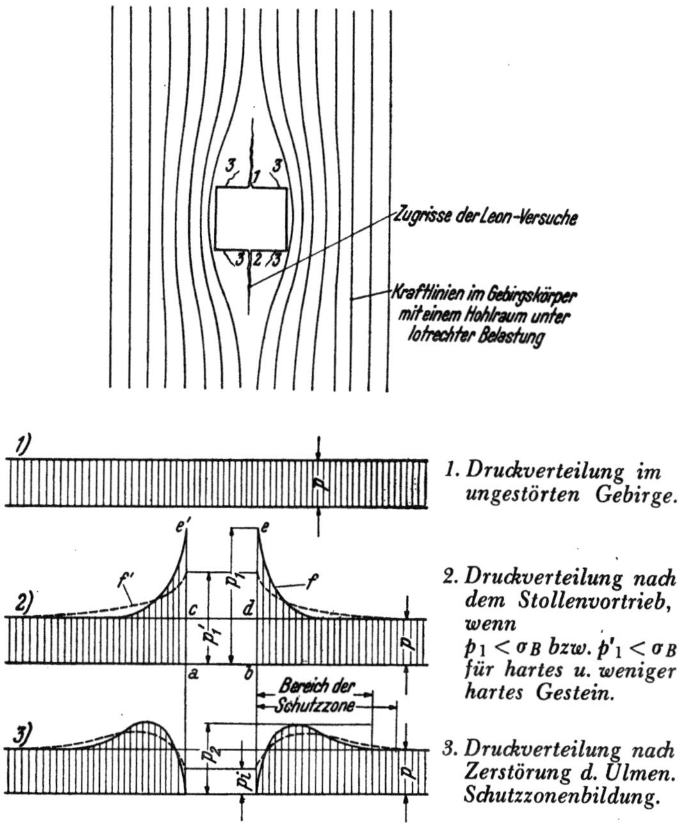

Abb. 15. Druckverteilung im gestörten und ungestörten Gebirge (nach Wiesmann und v. Willmann).

Nach der Auffassung A. Heims ist der Gebirgsdruck von der Überlagerung abhängig und wirkt in großen Tiefen allseitig hydrostatisch, indem unter dem großen Druck die Gesteine latent plastisch werden. Danach ergäben sich bei tiefliegenden Tunneln Drücke, die den Bestand der Bauwerke in Frage stellen würden.

Im Brennpunkt der Erörterung stand die Frage, warum Tunnel in großen Tiefen nicht durch den Gebirgsdruck geschlossen werden, was nach Heims Ansicht im Laufe der Zeit der Fall sein müßte. Dieser Ansicht stand die Tatsache gegenüber, daß erfahrungsgemäß eine verhältnismäßig geringe Ausmauerung genügt, um das dauernde Gleichgewicht herzustellen.

Die Schutzhülle. E. Wiesmann entwickelte damals seine Theorie der „Schutzhülle“, die in durchaus befriedigender Weise sämt-

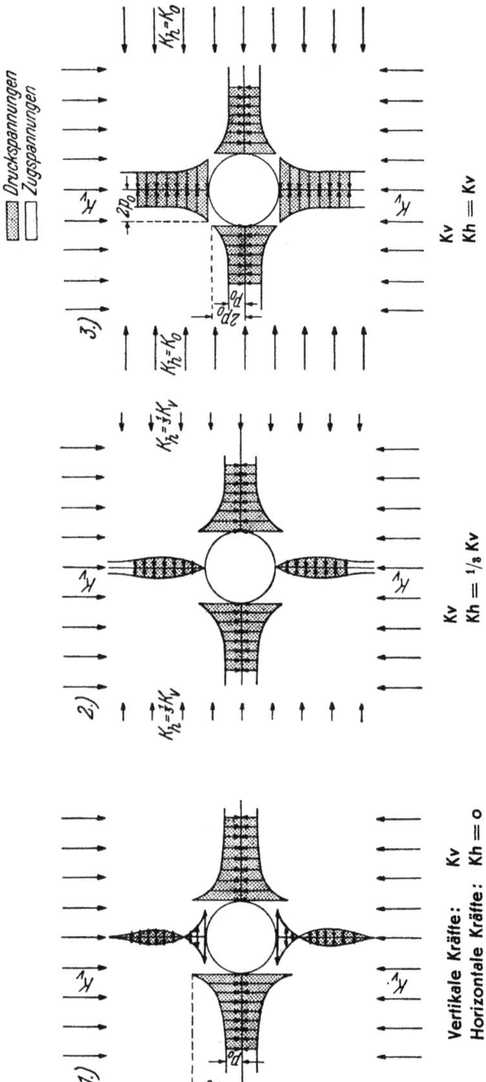

Abb. 16. Druckverteilung bei gleichzeitigem Auftreten horizontaler Kräfte (nach Leon und Willheim).

liche Erscheinungen des echten Gebirgsdruckes erklärt[1]. Die Überlegungen Wiesmanns wurden durch v. Willmann weiter ausgebaut und fanden durch die Druckversuche Leons und Willheims an gelochten Marmorblöcken ihre Bestätigung[2].

Es ist nicht zu umgehen, das Wesentliche der damals entwickelten Gedanken kurz nochmals zu bringen.

Das Gebirge wird als ein elastischer Körper angesehen, der unter der Einwirkung der angreifenden Kräfte (Überlagerung und tektonische Kräfte) Formänderungen erleidet, also zusammengepreßt wird.

Wird in einem solchen z. B. nur unter lotrechten Drücken stehendem Gebirgskörper ein Hohlraum geschaffen, so entstehen an den Ulmen Druckspannungen, in der Firste und an der Sohle, wie an der Unterseite eines belasteten Balkens Zugspannungen (s. Abb. 15).

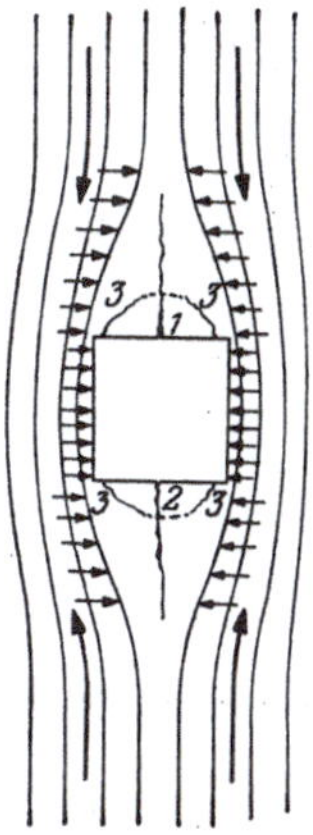

Abb. 17.

Abb. 18.

Abb. 17. Schematische Darstellung des Ausquetschens des gezogenen Körpers und des Abtrennens der spannungslosen Partien an der Sohle und an der Firste.

Abb. 18. Zusammengehen des Stollens II des Simplontunnels km 7,7 ab S. P. (Kalkschiefer). Ausquetschen des ursprünglich gezogenen Körpers in der Firste (nach Andreae).

Die Ulmen haben einen erhöhten Druck aufzunehmen, weil das Gewicht der über dem Hohlraum lastenden Masse auf die Ulmen übertragen werden muß. Der im ungestörten Gebirge vorhandene gleichmäßige Druck p muß daher beim Ulm auf p_1 ansteigen.

Bei den Versuchen L e o n s zeigte sich nun, daß zuerst Zugrisse im First (1) und dann an der Sohle (2) auftraten, die zunächst eine Druckentlastung der Ulmen brachten. Bei Steigerung der Belastung entstanden Risse (3) an First und Sohle, gleichzeitig schlossen sich die Zugrisse wieder. Die etwa unter 45⁰ verlaufenden Risse (3) trennten an First und Sohle kleine spannungslose Körper ab. Die Risse (3) entstanden nicht, wenn der Hohlraum kreisförmige Begrenzung hatte. Offenbar also handelt es sich nur um Korrektur der ungünstigen Querschnittsform. Bei Fortsetzung der Belastung traten dann Zerstörungen an den Ulmen in Form regelrechter Bergschläge auf. Die Ulmen verformen sich elastisch, sie werden, da sie nirgends anders ausweichen können, in den Hohlraum hineingedrückt.

Im Augenblick aber, wo es zu Zerstörungen kommt, ändert sich das Spannungsbild. Bei den Ulmen sinkt die Spannung auf 0 und der Druckanstieg verlagert sich weiter in den Berg hinein. Es tritt ein Druckgefälle ein.

Nach dem Durchreissen des gezogenen Körpers in Sohle und First gibt es auch dort nur mehr Druckspannungen und die ursprünglich

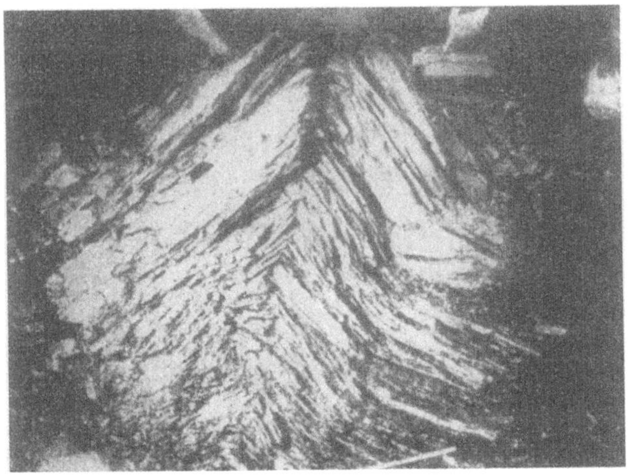

Abb. 19. Ausquetschen der Sohle im Simplontunnel km 6,740 ab S. P. (nach Andreae).

gezogenen Zonen über First und unter der Sohle werden nun gestaucht und ebenfalls in den Hohlraum gedrängt. Dieses Ausquetschen der gezogenen Körper erklärt das zeitweilige Auftreten viel größerer Firstdrücke als sie sich durch das Gewicht der unbedeutenden, abgetrennten, spannungslosen Körper erklären lassen. Auch Sohldrücke werden hierdurch klar (s. Abb. 17).

Es gibt wohl keine lehrreichere Darstellung der beschriebenen Vorgänge als die beim Bau des zweiten Simplontunnels aufgenommenen Bilder Abb. 18 und 19, von denen 18 das Ausquetschen der Firste und 19 denselben Vorgang in der Sohle zeigt [12]. Der „gezogene“ Körper ist also kein spannungsloser, wie dies Kommerell annimmt, das beweisen die beiden Bilder zur Genüge [34].

Bestehen außer den lotrechten Kräften noch seitliche, so nehmen die Zugspannungen im Scheitel immer mehr ab und gehen dann in Druckspannungen über, so zwar, daß bei gleichgroßen horizontalen oder vertikalen Kräften in First, Sohle und Ulmen gleichgroße Druckspannungen herrschen (s. Abb. 16). Bei kreisförmigem Hohlraumquerschnitt und nur vertikalen Kräften beträgt das Druckspannungsmaximum am Querschnittsrand das Dreifache der im ungestörten Gebirge vorhandenen Spannung, bei gleichgroßen Horizontal- und Vertikalkräften dagegen das Doppelte.

Nun sind im Gebirgsinnern reine Vertikalkräfte ohne gleichzeitige horizontale nicht denkbar, da zum mindesten die durch die Vertikalzusammenpressung hervorgerufene Querdehnung Kräfte auslösen muß, die der Poissonschen Zahl entsprechen.

Letztere wird nun im allgemeinen mit 0,27 angenommen. Es wird daher ein Kräftebild entstehen, wie es Abb. 16/2 zeigt, die Zugspannungen in First und Sohle sind verschwunden und haben zunehmenden Druckspannungen Platz gemacht. Daraus erklärt sich auch die Tatsache, daß die Zugrisse in der Firste und Sohle nur am Modellversuch aber nie in der Natur beobachtet werden konnten. Beim Versuch mit freien Seitenwänden gibt es keine oder nur unbedeutende Seitenkräfte, da die Querdehnung ungehindert möglich ist. Dagegen stellten die mit allseitigem Druck vorgenommenen Versuche Leons und Willheims die angestellte Überlegung unter Beweis; es zeigten sich dabei keine Zugrisse; prismatische Hohlräume wurden wieder durch Ablösungen an First, Sohle und Ulmen in eine zylindrische Form übergeführt.

Das Primäre bei lotrechtem Überlagerungsdruck ist daher eine Stauchung der Ulmen mit elastischem Ausweichen gegen den Hohlraum. Wird dabei die Gebirgsfestigkeit nicht überschritten, so geschieht nichts, der Tunnel bedarf keiner Ausmauerung.

Bei Überschreitung der Gebirgsfesigkeit im spröden Gebirge kommt es zu Bergschlägen. Die Tatsache, daß Bergschläge vorwiegend in den Ulmen auftreten ist ein Zeichen, daß vertikale Drücke die horizontalen überwiegen.

Es kann auch dann ohne Einbauten zum Gleichgewicht kommen, wenn in der geringer gestörten Gebirgszone hinter den abgeplatzten Schalen ein Spannungsbild nach Abb. 16/3 zustandekommt, wobei es unter allseitig eingetretener nunmehr geringerer Druckspannung um den ganzen Querschnitt zur „Stabilisierung des Druckgefälles" kommt.

Bei noch geringerer Gebirgsfestigkeit muß zur Herstellung des Gleichgewichtes eine Mauerung eingezogen werden, die dann aber nur die Aufgabe hat, den verminderten, zur Stabilisierung des Druckgefälles nötigen Druck pi (Abb. 15) aufzunehmen und zu verhindern, daß der Hohlraum durch Zerstörungsprodukte oder von hereindrückender plastischer Masse ausgefüllt wird.

Bei Überschreitung der Gebirgsfestigkeit bildet sich also um den Hohlraum eine Zone, die den Druck von diesem fernhält: Die Schutzzone.

Die Tatsache der Bildung dieser Zone ermöglicht es erst Tunnel in größeren Tiefen unbedenklich auszuführen; ohne die Schutzzone wäre der Tunnelbau ein kaum denkbares Wagnis.

An der Hohlraumbegrenzung wird nicht die Gesteinsfestigkeit, sondern die Gebirgsfestigkeit überwunden.

Die Gebirgsfestigkeit ist durch Schichtung, Klüftung und Störungen stets geringer als die Gesteinsfestigkeit, genau so wie die Festigkeit des Mauerwerkes geringer ist als die des verwendeten Mauersteines. Daß die Drücke im Bereiche der Schutzzone größer sein müssen als die Gebirgsfestigkeit, ja selbst die Gesteinsfestigkeit ist kein Widerspruch, denn das Gebirge ist an der Stelle des höchsten Druckes eingeschlossen.

Die Form des Spannungsbildes der Schutzzone wird wieder weitgehend durch die geologischen Verhältnisse bestimmt. Weiche Schichten haben dabei einen Spannungsabfall, harte einen Spannungsanstieg zur Folge [2] (Abb. 15).

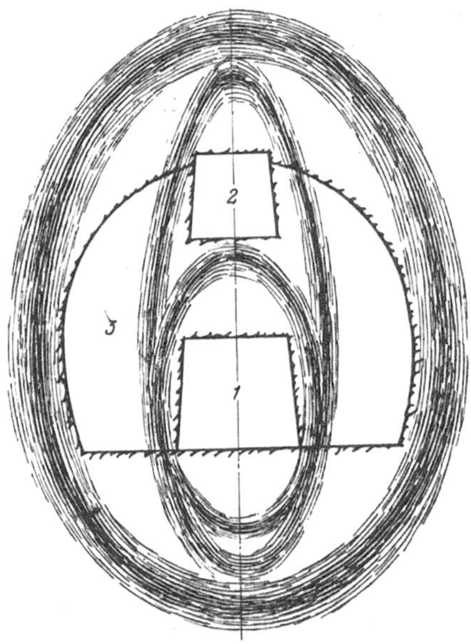

Abb. 20. Schematische Darstellung der Schutzzonenbildung bei den verschiedenen Ausbruchsstadien eines Tunnelquerschnittes.

Wird ein Tunnelquerschnitt nicht im ganzen, sondern in einzelnen Abschnitten ausgebrochen, so bildet sich für jedes Stadium eine andere Form der Schutzhülle (s. Abb. 20). Folgen die Baustadien in größeren Zeitabschnitten aufeinander, so kommt es vor, daß die Schutzhüllenbildung für ein Stadium, z. B. für den Sohlstollen, bereits abgeschlossen ist und fast keine Bewegungen mehr verzeichnet werden. Beim Ausbruch des Firststollens tritt dann erneut großer Druck im Sohlstollen auf, weil der Wall des Spannungsmaximums durch die neuerlichen Arbeiten zerstört wurde und sich eine neue Schutzhülle in anderer Gestalt bilden muß.

Ist damit zwar die Tatsache der Schutzhüllenbildung kurz erläutert, so ist doch noch ein sehr wichtiger Faktor nicht genügend gewürdigt worden, das ist die Zeit.

Die Schutzhülle braucht zu ihrer Bildung eine gewisse Zeit, die von der aufgefahrenen Gesteinsart und jedenfalls auch von ihrer Textur und Lagerung abhängig ist und in weiten Grenzen schwankt. Der Faktor Zeit wurde schon von *Heim* richtig erkannt, von *Wiesmann* dagegen damals abgelehnt, obwohl die Erfahrungen *Brandaus* beim Simplontunnel ergaben, daß „in scheinbar völlig standfestem Gebirge erst nach *einiger Zeit* starker Druck auftrat, es war Gestein angetroffen, das vollkommen seinen wahren Charakter verkennen ließ. Man war durch die Anzeichen beim Auffahren dieser Strecke verleitet, es für äußerst standfest zu halten“. Die Schutzhüllenbildung benötigt — wie einige weiter unten gebrachte Beispiele beweisen — in ungünstigen Fällen Zeiträume, die weit über die Bauzeit einer Tunnelstrecke hinausgehen. Bis dahin treten immer noch Drücke auf, die größer sind, als sie durch die eingezogene Mauerung aufgenommen werden könnten. Nach den Erkenntnissen, welche inzwischen auf dem Gebiet der Bodenmechanik erworben wurden ist dies weiter gar nicht verwunderlich. Benötigt ja eine Tonprobe zu ihrer elastischen Ausdehnung Wochen, die Zeit wächst mit der Stärke des Probekörpers im Quadrat.

Die Kräfte, die bei der elastisch-plastischen Ausdehnung auftreten, sind als Molekularkräfte so gewaltig, daß ihnen auch stärkste endgültige Einbauten nicht wiederstehen können. Die *nicht genügend* rasche *Schutzhüllenbildung*, bzw. die *zu rasch* eingezogene *Mauerung* ist daher die *häufigste Ursache* der *Zerstörungen* fertiger Tunnelstrecken.

Notwendigkeit eines Sohlgewölbes. Nach dem Gesagten ist die Notwendigkeit eines Sohlgewölbes in allen jenen Fällen erwiesen, wo die ausweichenden Ulmen die Widerlager hereindrücken oder wo die Gebirgsfestigkeit an der Sohle überschritten wird. Bei Vorherrschen tangentialer Kräfte werden naturgemäß primär Sohl- und Firstdrücke ausgelöst, der Ulmendruck wird in diesem Falle sekundär.

Praktisch ist eine klare Entscheidung nur dann möglich, wenn während des Baues genaue und einwandfreie Beobachtungen über die Bewegungen des Holzeinbaues und die der fertiggestellten Mauerung während längerer Zeit gemacht wurden. Dies zeigt die Wichtigkeit regelmäßiger, absoluter Beobachtungen während des Baues und auch noch nach dessen Fertigstellung.

Jedenfalls ist es billiger und einfacher, mit dem Sohlgewölbe in unklaren Fällen *nicht* zu sparen, als später kostspielige Wiederherstellungsarbeiten ausführen zu müssen. Zweifellos sollen Tunnelstellen in zur Verwitterung neigendem Gebirge mit mehr oder minder starkem Tonanteil, das unter Wasser an Festigkeit einbüßt, unter allen Umständen mit Sohlgewölbe versehen werden, auch dann, wenn sich während des Baues an der betreffenden Stelle kein Wasser zeigen sollte oder sich keine Bewegungen ergeben. Solche sind meist später zu gewärtigen, wenn das Gebirge durch später zudringendes Wasser entsprechende Veränderungen erfahren hat.

Selbst bei reinem Auflockerungsdruck empfiehlt es sich, Strecken in solchem Gebirge mit Sohlgewölbe zu versehen. Rechnerisch wird ein solches wohl erst dann nötig, wenn die Randpressung unter den Widerlagerfundamenten die Bodenfestigkeit überschreitet. Bei der Unsicherheit der Annahmen soll man den errechneten Ergebnissen gegenüber entsprechende Rückhaltung bewahren und lieber das Wagnis einer Zerstörung oder Schädigung des Bauwerkes durch den Mangel eines Sohlgewölbes nicht auf sich nehmen.

1. Echter Gebirgsdruck in Abhängigkeit vom Gebirgsbau.

Der Überlagerungsdruck ist in großem Maße vom Gebirgsbau abhängig. Zunächst ist es keineswegs richtig, in der Überlagerung stets nur die saigere Höhe zwischen Oberfläche und Tunnelhohlraum zu sehen. Die lotrechte Überlagerung kann gering, der Gebirgsdruck trotzdem

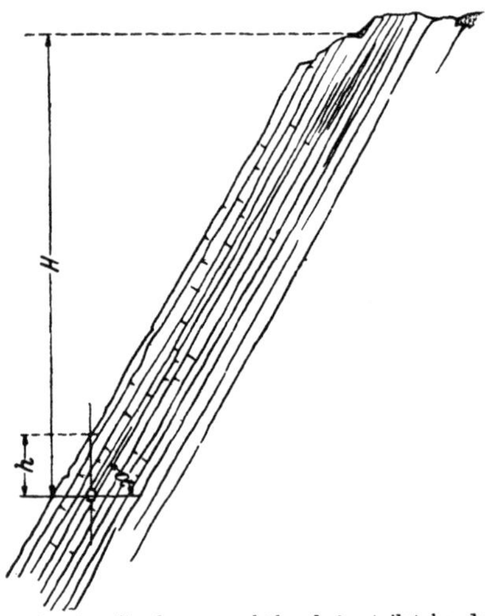

Abb. 21. Maßgebende Überlagerungshöhe bei steilstehenden Schichten.

recht bedeutend sein, wenn das Gewicht des Gebirgskörpers bei steil gestellter Schichtlagerung nur durch Reibung vermindert auf dem Tunnel lastet, wie dies Abb. 21 schematisch veranschaulicht. Bei zu geringem Fleische und wenig widerstandsfähigem Gebirge kann es in diesem Falle zu Zerpressungen oder Aufknicken des Gebirgsteiles über dem Tunnel kommen.

Auch bei gewölbeartigem Gebirgsbau ist keineswegs eine gleichmäßige Druckverteilung zu erwarten. Im Bereiche der Kämpfer wird viel größerer Druck herrschen als im Kern des Gewölbes, trotzdem dort die Überlagerung am größten ist, weil das Gewicht der über dem Kern lastenden Massen von den Kämpfern getragen wird. In Abb. 22 werden z. B. in der Tunnelstrecke von A nach B, die den Berg senkrecht zum Schichtstreichen durchörtert, Gebirgsdrücke zu erwarten sein, wie sie in der Druckverteilungslinie unter dem Schnitt angegeben sind [3].

Bei Achslage senkrecht zum Schichtstreichen wird der Tunnel bei C trotz geringer Überlagerung viel größere Drücke zu gewärtigen haben als der Tunnel bei D im Kern des Gewölbes mit größter Überlagerung.

Im Bergbau hat man die gleichen Beobachtungen gemacht. Beim Abbau von Kohlenflözen hat die Senkung des Hangenden eine kuppelförmige Ausbildung der Druckform zur Folge, bei der in den Kämpfern größerer Druck beobachtet wird, der dort eine Auspressung des Flözes hervorruft und dessen Abbau erleichtert [14].

In gleicher Weise wirkt naturgemäß Faltenbildung, auch weiche Gesteine zeigen im Kern der Falten trotz großer Überlagerung keine Druckhaftigkeit. Die entlastende Wirkung der Falten zeigt sich am klarsten durch die manchmal vorkommenden Hohlraumbildungen durch ein Klaffen der Schichtfugen an den Umbiegungsstellen.

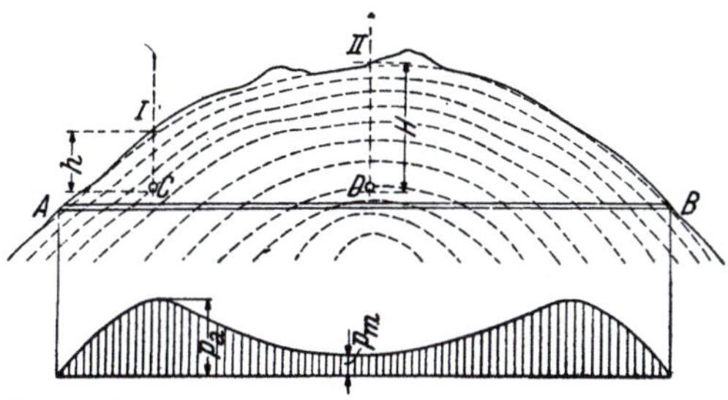

Abb. 22. Druckentlastung und Druckanstieg bei gewölbeförmigem Gebirgsbau (nach v. Willmann).

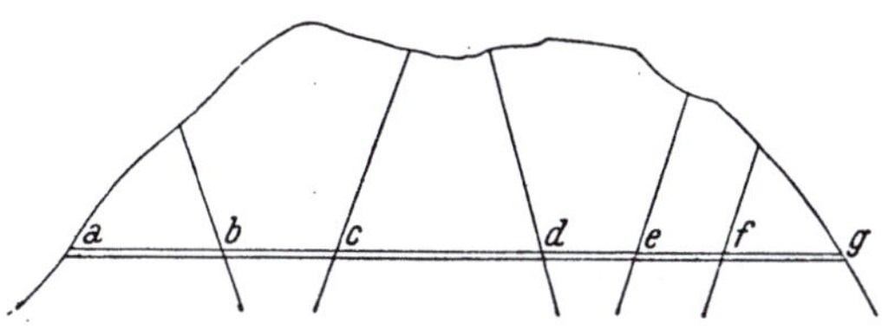

Abb. 23. Zonen größeren und geringeren Druckes durch Verwerfungen (nach Stiny).

Stiny bringt in seinen Vorlesungen einen in den Alpen häufig vorkommenden Fall der Zerlegung eines Gebirgsstockes durch Verwerfungen (s. Abb. 23). Die Störungen wirken dabei ebenfalls druckentlastend bzw. drucksteigernd. So werden die Keile zwischen b und c bzw. d und e von den anschließenden Zonen getragen, es ist daher in diesen Strecken nur geringer Gebirgsdruck zu erwarten.

Um so größer ist er dagegen in den Zonen zwischen a und b, c und d bzw. e bis f und f bis g in den Widerlagern jener getragenen Massen.

Ebenso wie beim Auflockerungsdruck ist auch hier nötig, das Gebirge als räumlichen Körper in größtem Maßstabe zu sehen und sich die Wirkungen zu vergegenwärtigen. Nicht das geologische Längenprofil allein ist maßgebend, im Gegenteil, manchmal vielleicht sogar irreführend.

2. Verhalten der einzelnen Gesteine bei echtem Gebirgsdruck.

Die einzelnen Gesteine zeigen unter den Einwirkungen echten Gebirgsdruckes ein recht verschiedenes Verhalten, wobei auch die Textur und der Verwitterungsgrad eine Rolle spielen. Die Erscheinungen sind grundlegend andere als jene, welche der Auflockerungsdruck hervorruft.

a) Festgesteine.

Bei gesundem, sprödem, massigem Gestein von hohen Druckfestigkeiten äußert sich echter Gebirgsdruck als Bergschlag, dem bekannten Abplatzen von Gesteinsschalen parallel zur Oberfläche, unabhängig von der Gebirgsschichtung oder Klüftung, wobei es zu einer Schutzzonenbildung kommt, die in einer nicht sehr tiefgehenden,

Abb. 24. Ablösungsflächen parallel zur Oberfläche, Nordnorwegen (nach Kahler).

feinsten Aufblätterung um den Hohlraum besteht und das Bestreben zeigt, dem Hohlraum Kreisform zu geben. Es bedarf schon großer Kräfte, um diese Erscheinung hervorzubringen. In den Bergschlagzonen des Simplon errechnete man aus der Überlagerung von 1600 bis 1800 m Drücke von 400 kg/cm^2 im ungestörten Gebirge. Dieser Druck im ungestörten Gebirge entsprach etwa $\frac{1}{3}$ der Druckfestigkeit des Gesteins.

Daß Bergschläge nicht stets als Folge lotrechter Kräfte auftreten, sondern ebenso durch tangentiale Kräfte hervorgerufen werden, ja sogar an der Oberfläche vorkommen, ist bekannt [22].

Auch der Verfasser hatte anläßlich einer Reise durch Nordnorwegen Gelegenheit dort sehr interessante Erscheinungen zu beobachten, die nach Ansicht der Geologen Kieslinger und von Kahler hauptsächlich als Gebirgsentspannungserscheinungen gedeutet werden können.

Die Gebirgsoberfläche der ausgedehnten, glazialen Rundbuckellandschaft löst sich unabhängig von der Lagerung in Schalen parallel zur Oberfläche ab. Die Stärke dieser Schalen beträgt etwa 5 bis 10 m; mehrere Schalen liegen übereinander (s. Abb. 24). Die Ablösungen haben Dimensionen von vielen Quadratkilometern, ganze Gebiete regelmäßig bedeckend. Der Frost tut dann das seine, um die Schalen zu

Abb. 25.

Abb. 26.

Abb. 25 und 26. Bergschlag an der Oberfläche, Nordnorwegen (nach Kahler).

zerspalten und ruft gewaltige Bergstürze hervor. In diesen „Fjellen“ findet man häufig auch Loslösungen von dünneren Platten von der Stärke eines bis einige Dezimeter, die manchmal in merkwürdiger Weise ausknicken, wie dies die Abb. 25 und 26 zeigen. Dieses Ausknicken hat mit Frost nichts zu tun, denn die Aufnahmen sind in der warmen Jahreszeit gemacht, sondern kann nur als Bergschlag an der

Oberfläche gedeutet werden. Aber auch die Schalenablösungen finden im Frost keine Erklärung, sie scheinen vielmehr Gebirgsentspannungserscheinungen größten Maßstabes zu sein. Es sind offenbar gewaltige tangentiale Kräfte vorhanden; dies beweist die schätzungsweise Nachrechnung der Drücke, die notwendig waren, um z. B. die Platte der Abb. 25 auszuknicken (s. Abb. 27).

$$F = 820\ \text{cm}^2 \qquad J = 3500\ \text{cm}^4 \qquad l = 330\ \text{cm},$$

$$E \text{ für Granit} = 500.000\ \text{kg/cm}^2,$$

$$P_k = \frac{4\pi^2 E \,.\, J}{l^2} = 640.000\ \text{kg},$$

$$\sigma = \frac{640.000\ \text{kg}}{820\ \text{cm}^2} = 780\ \text{kg/cm}^2$$

Man erhält 780 kg/cm². Trotz allen Ungenauigkeiten der Annahme und der Berechnungsmethode ist diese Ziffer doch vielleicht als Größenordnung zu werten und zeigt, welche gewaltigen Tangentialkräfte manchmal schon auf der Oberfläche scheinbar ganz ruhiger Gebiete vorhanden sein können.

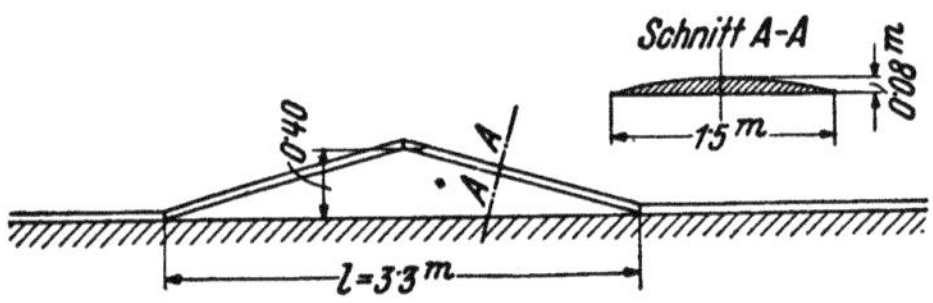

Abb. 27. Schematische Darstellung des Ausknickens von Platten an der Oberfläche (Bergschlag).

Wir konnten verschiedentlich das Vorhandensein solcher dünner, noch ungeknickter Platten feststellen, die beim Begehen hohl klangen. Es ist daher durchaus möglich, daß das Ausknicken durch Frostwirkung wesentlich gefördert wurde, woraus man schließen könnte, daß etwas geringere Kräfte ausgereicht haben, um die Knickung hervorzurufen.

Ein derartiges Ausknicken von Platten bedarf daher keineswegs der Überschreitung der Gesteinsfestigkeit, sondern geschieht nach den Gesetzen der Knickung schon bei geringeren Kräften.

I m h o f machte beim Bau des Tauerntunnels die für die Erscheinung der Bergschläge bezeichnende Beobachtung, daß Bergschläge nur in jenen Strecken vorkommen, in denen weder Bankung noch Klüftung ausgebildet war; in geklüfteten Zonen gab es keine Bergschläge. Nach seinen Erfahrungen spielen bei der Auslösung der Bergschläge außer den geschilderten Ursachen noch andere Momente, z. B. die Abkühlung, eine Rolle: Wo die Bergschläge im Tauerntunnel heftig waren, hat man das Gebirge mit kaltem Wasser abgespritzt, dann erfolgten die plattigen, knallenden Abplatzungen serienmäßig rasch hintereinander. I m h o f hat auch eine große Zahl von Knallplatten gemessen. Dort, wo sie sich frei bilden konnten, z. B. an den Ulmen, wiesen sie, ganz unabhängig von ihrer Größe, ein konstantes Achsenverhältnis auf, Länge, Breite und Dicke in der Mitte verhielten sich wie 3 : 2 : 0,3. Die Ablösungsflächen der Knallplatte bildeten sich ziemlich senkrecht zur teilweise bereits angedeuteten Faserungsrichtung; ihre Ränder liefen papierdünn aus, so daß hier alle Mineralien das Licht durchscheinen ließen[35].

Es ist klar, daß bei den Äußerungen echten Gebirgsdruckes auch die Lagerung und Klüftung eine Rolle spielt. Bei geschichtetem Gebirge äußert sich echter Gebirgsdruck, wie eben erwähnt, nicht mehr in der Form der typischen Schalenablösung des Bergschlages, sondern im Loslösen und Ausknicken von Gesteinsschichten. Ist die Schichtung z. B. bei lotrechtem Überlagerungsdruck saiger und parallel zur Tunnelachse, so ist ein Ausknicken der Schichten an den Ulmen zu erwarten. Die hiezu notwendigen Kräfte liegen je nach der Stärke der Schichten, Knicklänge und der Gesteinsfestigkeit mehr oder weniger tief unter jenen, die zur Zerstörung des gleichen Gebirges senkrecht zur Schichtung notwendig sind.

Abb. 28. Stauchen von Platten in der Firste des Simplontunnels (nach Brandau).

Hierher gehört auch die Erscheinung, daß bei Überlagerungsdruck und gleichzeitig söhliger, plattiger Lagerung die Ulmen noch gar keine Spur von Zerstörung zeigen, während in der Firste unter dem Einfluß des Ausquetschens des gezogenen Körpers bereits ein Stauchen der Schichten beginnt. So konnte man z. B. beim Vortrieb des Richtstollens des Katschbergtunnels der Reichsautobahnen die Beobachtung machen, daß sich der söhlig gelagerte Kerngneis in der Firste in starken Platten nach Monaten allmählich ablöste. Die Ablösungen kamen nur in Strecken mit großen Überlagerungen vor, wurden also nicht vom bloßen Eigengewicht des Hangenden ausgelöst. Die Drücke in der betreffenden Strecke entsprachen etwa nur 100 kg/cm^2 im ungestörten Gebirge. Die gleichen Erscheinungen wurden von Brandau am Simplon wahrgenommen und in einer Zeichnung festgehalten (s. Abb. 28). Allerdings hat Brandau diese Erscheinung damals fälschlich als Erddruck gedeutet. Die Gruppe der geschichteten oder geklüfteten Festgesteine bildet also in ihrem Verhalten unter echtem Gebirgsdruck einen Übergang von den massigen Festgesteinen zu den pseudofesten Gesteinen. Es kommt zu keiner Bergschlagbildung mehr, wobei die Druckäußerung durch Kraftrichtung, Lagerung und Stärke der Schichten bedingt wird. Die Kräfteübertragung in der Schutzzone geschieht durch gewölbeartige Verspannung der Trümmer gegeneinander. Es bilden sich dann in der Gebirgsmasse, die den Tunnel umgibt, verschiedene, ineinander übergehende Zonen, die Schmid, Basel, in folgende Gruppen teilt: 1. Zone raschen Zerfalles, 2. vordrängende Zone langsamen Zerfalles, 3. plastische, nachdrückende Zone ohne Zerfall, 4. ruhendes Gebirge. Hiezu ist zu bemerken, daß eine plastische Verformung von Festgesteinen in Tiefen, welche für den Tunnelbau in Frage kommen, wohl nicht vorstellbar ist. Der Bereich der plastischen Formänderung ist bei Festgesteinen sehr klein und bildet den Übergang von der elastischen Formänderung zum Bruch, er entspricht also bei den Leonschen Versuchen dem Stadium des Auftretens der Fließfiguren.

b) Pseudofeste Gesteine.

In diese Gruppe gehören u. a. Sandsteine mit tonigem Bindemittel, Tonschiefer, Schiefertone, Mergel, Phyllitschiefer, Chloritschiefer, Glimmerschiefer, usw.

Während bei den Gruppen der Festgesteine eine plastische Umformung nicht in Frage kommt, bildet die Plastizität, d. i. die Bereitschaft zur mehr oder minder bruchlosen Umformung bei den pseudofesten Gesteinen das Hauptmerkmal dieser Gruppe und zwar um so mehr, je weicher die Gesteine sind.

Bei den geringen Festigkeiten, die diesen Gesteinen eigen sind, wird die Plastizität bereits in verhältnismäßig geringen Tiefen sogar schon im ungestörten Zustand erreicht. Um so mehr aber tritt dieser Zustand ein, wenn ein Tunnelvortrieb zu Erhöhung der Spannungen um den Hohlraum Anlaß gibt.

Der echte Gebirgsdruck äußert sich bei dieser Gesteinsgruppe anders als bei den Festgesteinen, also nicht als Bergschlag, Ausknicken von Platten oder Trümmerbildung, sondern lediglich in einem starken Hineinwachsen des Gebirges in den Hohlraum. Der physikalische Vorgang der plastischen Verformung soll nachstehend näher erklärt werden:

Im Augenblick der Durchörterung ergibt sich ein Spannungsbild, das in der Abb. 15/2 durch die punktierte Linie veranschaulicht ist. Nach der Schutzzonenbildung erhält man das Spannungsbild 15/3. Innerhalb des Bereiches des Absinkens der Spannung um den Hohlraum liegt die Zone der Zerstörung, die in diesem Falle jedoch nicht Trümmerbildung bedeutet, sondern lediglich einer Gefügeauflockerung, also einer Zunahme des Porenvolumens gleichkommt, die gegen den Hohlraum hin größer wird und auch eine entsprechende Verminderung der Kohäsion zur Folge hat.

Dabei bedingen größere Kräfte und weicheres Gestein eine breitere Zone der molekularen Auflockerung, also ein Wegrücken des Spannungsmaximums vom Hohlraum. In Abhängigkeit — allerdings in noch völlig unbekannter — von den angreifenden Kräften und der Gebirgsart steht als bedeutender Faktor die Zeit. Es ist wohl anzunehmen, daß bei gleichen Gebirgsverhältnissen größere Kräfte ein lebhafteres und rascheres Hineindrängen in den Hohlraum zur Folge haben, ohne daß dabei die Bewegungen früher zum Stehen kommen müssen, weil ja die Zone der Auflockerung des Gefüges im letzteren Falle entsprechend breiter ist. In gleicher Weise wirkt auch weicheres Gestein auf den zeitlichen Verlauf.

Die Elastizität dieser Gesteine, selbst die der Weichgesteine z. B. der Schiefertone, spielt hier jedenfalls eine untergeordnete Rolle, denn ihr geringes Dehnungsmaß $\alpha = \frac{1}{E}$ ist in keiner Weise mit den bedeutenden Bewegungen in Einklang zu bringen, die bei derartigen Gesteinen schon unter geringen Drücken entstehen.

Unter dem Einfluß der geänderten Kraftrichtungen kann es im Bereiche der Zone der Gefügeauflockerung zu einer völligen Gefügeumformung kommen. Sehr beachtenswert ist z. B. die von Dr. Müller geschilderte Entstehung einer vorher nicht vorhanden gewesenen Schieferung unter dem Einfluß der ausquetschenden Kräfte auf den gezogenen Körper (s. Abb. 29) [16].

Abb. 29. Ausquetschen des gezogenen Körpers in der Firste (nach Müller).

Die Ursache dieser Erscheinungen sind die durch das geänderte Kräftebild nach der Hohlraumherstellung entstandenen Fließbewegungen.

Die Tatsache, daß das Hineinwachsen in den Hohlraum Dimensionen bis zu einem Meter und mehr annimmt, ist durch die Zunahme an Porenvolumen völlig erklärlich. Wichtig und bezeichnend ist jedoch, daß die Kohäsion in diesem Bereich wohl vermindert wird, aber doch noch in großem Maße bestehen bleibt, wie das z. B. die unverbaute Firste der Abb. 29 zeigt.

Die mit dem Hineinwachsen in den Hohlraum verbundenen Druckerscheinungen sind viel stärker und dramatischer als bei den Festgesteinen, ihr Verlauf, der meist ein außerordentlich typischer ist, soll nachstehend beschrieben werden:

In den meisten Fällen überwiegen die lotrechten Überlagerungskräfte die tangentialen, dann findet als erste Erscheinung seitliches Hereindrängen des Gebirges in den Hohlraum statt. Die Zimmerung der Stollenulmen bricht, die Steher werden außerdem an der Sohle hereingeschoben, die Kappen und Sohlschwellen knicken. Dann folgt Stauchung und Ausquetschung der Partien in First und Sohle. Die Sohle steigt auf, die Firste wird hereingedrückt, das Gebirge drückt in die durch das Ausknicken der Kappen entstandenen Hohlräume, häufig jedoch ohne auf den gebrochenen Kappen zu lasten.

Die Querschnitte von Stollen, die ursprünglich mit 6 bis 7 m^2 aufgefahren wurden, verringern sich nach wenigen Monaten so, daß die

Förderwagen nicht mehr durchkommen und der Stollen nachgerissen werden muß (s. Abb. 38 u. 46).

Bei den Ausweitungsarbeiten erfolgt dann seitliches Zusammenpressen der Kalottenzimmerung, sekundär wohl auch Firstdruck sowie Ausquetschen des Gesteinskörpers zwischen Sohl- und Firststollen, sich äußernd durch Schließen der Schuttlöcher. Die Mauerung bleibt auch nicht in Ruhe, sondern zeigt Bewegungen, die waagrechten Verspreizungen der gemauerten Kalotte knicken, die Widerlager werden

Abb. 30. Verformter Ausbau in Betonsteinen mit Quetschhölzern (nach Schlüter).

hereingeschoben. Die Bewegungen betragen anfangs einige Zentimeter im Monat und verschwinden dann nach Einziehen des Sohlgewölbes. Manchmal wird der Ring aber auch weiter zusammengedrückt und muß erneuert werden (s. Abb. 30).

Der Sohldruck, der durch Überlagerungskräfte entsteht, ist vom Firstdruck nur wenig verschieden. Allerdings kann die Firste auch noch zusätzlich durch das Gewicht abgetrennter Gebirgsteile belastet werden (zusätzlicher Auflockerungsdruck).

Daß aber in der Praxis der Sohldruck eine so untergeordnete Rolle spielt ist nicht verwunderlich, denn wird z. B. die Firste um einen Meter heruntergedrückt, so bedeutet das eine nennenswerte Beeinträchtigung des Baubetriebes, Zerstörung der Zimmerung, Verstärkungs- und Auswechslungsarbeiten. Hebt sich aber die Sohle um das gleiche Maß, so hat man lediglich das Gleis zu senken. Störend wirkt die Sohlhebung hauptsächlich im Stollen, bei der Ausweitung wird sie kaum mehr bemerkt.

Daß an bisher ausgeführten Tunneln viel weniger Sohlgewölbe als Firstgewölbe zerstört wurden, ist zwei Ursachen zuzuschreiben: Erstens gibt es unter dem Sohlgewölbe keine Hohlraumbildung durch Auflockerung oder nicht sattes Anmauern und zweitens wird das Sohlgewölbe als letztes hergestellt, häufig erst dann, wenn die ganzen Widerlager fertig sind. Das Gebirge hatte dort einerseits am meisten Zeit sich ungehindert auszudehnen, andererseits war aber in derselben Zeit im Zusammenschieben der unten noch nicht geschlossenen Tunnelröhre bereits das Zerstörungswerk begonnen worden. Sehr kennzeichnend für den Faktor Zeit war in dieser Verbindung die beim Simplon gemachte Beobachtung, daß die Betonsohle hielt, wenn sie nachträglich eingebracht wurde, aber zerbrach, wenn man sie vor den Widerlagern ausführte [3].

Bei milden Gebirgsarten tritt echter Gebirgsdruck schon bei geringen Überlagerungen auf, bei Mergeln und Tonschiefern z. B. genügen oft schon Spannungen von weniger als 20 kg/cm² im ungestörten Gebirge, um die beschriebenen Erscheinungen im größten Ausmaß hervorzurufen. Lignit zeigt z. B. bei 30 bis 40 m Überlagerung, also Spannungen von 6 bis 8 kg/cm², schon kräftige Zerstörungen. Dazu kommen außerdem vielfach noch Blähungserscheinungen mergeliger und tonhaltiger Gesteine, welche die reinen Gebirgsdruckäußerungen überlagern und die Feststellung der Ursache der Druckerscheinungen stören.

Dieses Bild wahrhaft elementarer Zerstörung, das ein Stollen bietet, der echtem Gebirgsdruck ausgesetzt war, wirkt auf den Unerfahrenen, der bis dahin nur die Äußerung des Auflockerungsdruckes kannte, wahrhaft beängstigend. Um so mehr staunt er dann, wenn der Mineur ohne Bedenken die Verpfählung entfernt und das Gebirge bloßlegt, ohne daß dieses nur im geringsten hereinbricht. Das Ausweiten geht ohne Schwierigkeiten vor sich. Hinter den zerborstenen Dielen und zerknickten Kappen liegt keine absturzbereite, lose Gebirgsmasse, sondern ein Körper mit Kohäsion, der wie ein Schwamm in den Hohlraum wächst.

Andererseits veranlaßt z. B. den Unerfahrenen der völlig solide Eindruck der anstehenden Gebirgswand ausgebrochener Widerlager, die keiner wie immer gearteten Zimmerung bedarf und sich in nichts von einer Wand gleichen Gesteins ober Tage unterscheidet, zu dem Glauben, er stünde vor völlig standfestem Fels. In der Tat bewegt sich jedoch die abgebaute Fläche mit der Geschwindigkeit einiger Millimeter bis Zentimeter im Tage gegen den Hohlraum.

Daß es sich dabei um ganz andere Vorgänge als um die des Reibungsgleichgewichtes handelt, ist selbstverständlich und erhellt besonders deutlich z. B. aus dem Verhalten des Steinsalzes bei echtem

Gebirgsdruck, einem Material, das verhältnismäßig sehr homogen und fast ideal plastisch ist. Hohlräume im Steinsalz schließen sich, ohne daß dabei irgend welche Zerstörungen stattfinden: Also nichts von Erddruck, Reibungswinkeln und Gleitflächen.

Die erwähnte Tatsache der Verminderung der Kohäsion durch plastische Ausdehnung wird in neuerer Zeit vom Bergbau benützt, um die Gewinnungskosten herabzusetzen. Man wartet mit dem Abbau bis sich das Gebirge entspannt hat, löst die gelockerte Zone mit kurzen Schüssen und überläßt es dem Gebirgsdruck die Auflockerung der dahinterliegenden festeren Zone zu besorgen. Es wird so an Bohrarbeit und Sprengstoff gespart[25, 14].

c) Tone.

Noch geringer als bei den Tonschiefern, Schiefertonen und Mergeln sind die Überlagerungsdrücke, die notwendig sind, um Tone besonders solche mit hohem Feinkorngehalt „plastisch zu verformen"; schon wenige Meter Überlagerung genügen hier. Das Aufsteigen von Einschnitten, das Hochtreiben der Sohle offener Schlitze beim Kanalbau im weichen Ton sind nichts als Äußerungen echten Gebirgsdruckes. Hiebei spielen zwei Faktoren eine Rolle: Infolge der geringen Tragfähigkeit des Tones weicht er, nach Terzaghi, unter dem Gewicht der zu beiden Seiten eines Einschnittes lastenden Massen aus[10]. Das Gebirge verhält sich in diesem Falle wie eine zähe Flüssigkeit. Die zweite Ursache für die Raumvergrößerung bei Druckentlastung ist die Zusammendrückbarkeit des Tones. Wird in einer Tonmasse ein Hohlraum und damit eine Druckentlastung geschaffen, so dehnt sich das Gefüge des Tones elastisch aus. Durch die Oberflächenspannung des Wassers kann dies aber nur dann geschehen, wenn gleichzeitig die Zunahme an Porenvolumen durch Wasser ersetzt wird. Das nötige Wasser findet sich im Tunnel oder seiner Umgebung stets. Terzaghi vergleicht den Vorgang des Wasseransaugens der Tone mit der Wasseraufnahme eines feinporigen Schwammes, der zuerst zusammengepreßt und dann entlastet wird. Als „Blähen" im eigentlichen Sinne des Wortes, d. h. eine Raumvergrößerung infolge Wasseraufnahme ist das Schwellen des Tones deshalb nicht anzusehen, weil der Ton, damit er schwellen kann, zuerst unter Druck sein Porenwasser verringert haben muß. Die Wasseraufnahme ist somit die Folge und eine unumgänglich notwendige Begleiterscheinung der elastischen Ausdehnung.

Die Zeit, die der Ton zum Schwellen braucht, ist eine Funktion des Strömungswiderstandes, welcher wieder von dem Anteil an Feinstkorn abhängig ist.

Die Elastizitätsziffer eines fetten Tones in der Tiefe von 10 m unter der Oberfläche beträgt nach Terzaghi 40 kg/cm², also etwa den 5000sten Teil jener der Festgesteine. Es ist daher nicht verwunderlich, daß die Formänderungen gewaltig sind. Bei ihrer geringen Festigkeit und niederen Elastizitätsziffer müßten die Tone eigentlich stärkere Druckerscheinungen im Tunnel hervorrufen als dies tatsächlich der Fall ist. Terzaghi findet die Erklärung für diese Tatsache in der gewölbeartigen Verspannung des Gebirges bei genügender Überlagerungshöhe.

III. Der Gebirgsdruck durch Volumsvergrößerung des Gebirges durch Molekularkräfte — Blähungsdruck.

Die Äußerungen des sogenannten Blähungsdruckes sind so wenig von denen des echten Gebirgsdruckes verschieden, daß seine Unterscheidung von der Seite der verursachten Zerstörungen und Formänderungen her oft sehr schwierig ist. Die Entscheidung wird um so schwerer, weil die meisten „blähenden" Gesteinsarten außerdem so niedrige Elastizitätsziffern aufweisen, daß sie schon bei verhältnismäßig geringen Überlagerungshöhen zusätzlich noch echte Gebirgsdruckerscheinungen zeigen. Man kann annehmen, daß man es mit blähendem Gebirge zu tun hat, wenn schon die vordersten, ganz gering überlagerten Eingangsstrecken von Tunneln und Stollen in verhältnismäßig standfestem Gebirge schwere Seitendruck- und Firstdruckerscheinungen zeigen, wobei die Kohäsion des Materials relativ erhalten bleibt.

Eine klare Entscheidung, ob Blähungsdruck oder echter Gebirgsdruck · vorliegt, kann nur durch die bodenphysikalische Untersuchung getroffen werden. Es ist daher unerläßlich, derartige Untersuchungen laufend von allen angefahrenen Gesteinen machen zu lassen, die zu Verdacht auf Blähen Anlaß geben.

Nachstehend seien die wichtigsten Gebirgsarten, die bei Zutritt von Wasser oder Luft Volumsvergrößerungen erleiden, angeführt.

Tonmergel und Kalkmergel äußern sich nach Terzaghi sehr verschieden. Die Möglichkeit des Schwellens liegt jedoch stets vor, so daß es nötig ist, das tatsächliche Verhalten durch Untersuchung festzustellen.

Der Verfasser hatte Gelegenheit beim Bau der Nordrampe der Transiranischen Eisenbahn bei Tonmergel eine völlige, feinlamellare Aufblätterung der schiefrigen Gesteine durch Gipsbildung zu beobachten. Nach Deeke[11] wirkt nicht nur das Wasser sondern auch die Luftkohlensäure durch die Zerstörung von Kalkaluminaten bei der Auflockerung derartiger Gesteine mit.

Äußerlich sind derartige Gesteine stets dadurch verdächtig, daß sie vom Berg an die Oberfläche gebracht, nach wenigen Tagen — ähnlich wie gebrannter Kalk — allein durch Luftfeuchtigkeit rissig werden, in kleine Stücke zerfallen und bei darauffolgendem Regen in Brei verwandelt werden.

Das Blähen mancher Mergelarten scheint durch wechselndes Austrocknen und wieder Durchfeuchten besonders begünstigt zu werden. Darauf läßt sich die bekannte Erscheinung zurückführen, daß Stollen in derartigem Gebirge nach dem Durchschlag rasch vermehrte Druckerscheinungen zeigen. Die alten Tunnelleute warnen daher vor dem Durchschlag.

Gefährlich ist bei den Mergeln stets ihre bereits erwähnte Neigung zum Schwimmendwerden. Die für das Schwimmendwerden besonders gefährliche Auflockerung des Gesteins kann nicht nur durch Schießen und Setzungen, sondern auch durch echten Gebirgsdruck oder Blähen verursacht werden. Dem Wasser ist es dann möglich, in kürzester Zeit große Massen des Gesteins zu durchsetzen und es zum Schwimmen zu bringen.

Ganz entgegengesetzt verhalten sich steife Tone, die oft der erodierenden Wirkung des Wassers großen Widerstand entgegensetzen. So erfolgte beim Vortrieb des Sohlstollens auf der Südseite des Scheiteltunnels der Transiranischen Eisenbahn ein Wassereinbruch von 1 200 Lit/s. Der allerdings in seiner Stärke bedeutend abnehmende, aber immerhin durch Wochen anhaltende Strom hat keinen einzigen Steher unterspült, noch sonst aufweichend gewirkt. Das Wasser konnte in den Ton nicht eindringen.

Die bekannteste Blähungserscheinung auf chemischer Grundlage ist eine Verwandlung von Anhydrit in Gips. Diese Erscheinung wurde u. a. auch beim Bau des Hauensteinbasistunnels beobachtet und führte dort zu Sohlauftrieben von 103 cm in 5 Monaten, wobei merkwürdigerweise die Geschwindigkeit der Hebung mit der Zeit bedeutend zunahm. Die Hebung betrug bei Tunnelkilometer 1,870 im ersten Monat nach dem Auffahren des Sohlstollens 6 cm, in den darauffolgenden 2 Monaten stieg die Sohle um 27 cm und in weiteren 2 Monaten um weitere 70 cm auf[6].

Der Verfasser konnte den betonierten Fußboden einer unter Tage liegenden Maschinenhalle eines Gipswerkes beobachten, der im Laufe von 10 Jahren völlig zerborsten war und Auftreibungen bis zu 1 m zeigte.

Die Geschwindigkeit der Umsetzung scheint verschieden rasch vor sich zu gehen. Während ein kurzer Tunnel der Iranischen Nordrampe, der durch Teile reinen Anhydrits führte, trotz allerdings geringen Wasserzutrittes auch nach 3 Jahren noch keine wie immer geartete Zerstörung zeigte, wurde das Sohlgewölbe des Djaloustunnels der Straßenverbindung Teheran zum Kaspischen Meer auf kurze Strecken bereits nach einem Jahr völlig verformt und zerstört.

Ebenso gefährlich wie die Blähungserscheinungen selbst sind bei Anwesenheit von Gips, Anhydrit oder Eisenkies die sulfathältigen Wässer, die das Tunnelmauerwerk zerstören, wenn nicht durch Verwendung kalkarmen Zementes und einwandfreie Isolierung sowie durch Zurückstauen des Wassers in den Berg vorgebeugt wird.

Auch beim Blähungsdruck kommt es wie beim echten Gebirgsdruck zur Bildung einer die Mauerung entlastenden Schutzhülle.

Es darf jedoch keineswegs unterlassen werden zu bemerken, daß echter Gebirgsdruck unter scheinbar gleichen geologischen Bedingungen keineswegs immer gleichmäßig auftritt. Gewisse Stellen einer längeren Druckstrecke im gleichen Gebirge, bei gleicher Überlagerung und gleichem Streichen und Fallen zeigen ohne erkennbare Ursachen besonders schwere Erscheinungen, andere wieder verhältnismäßig geringe. Im Tonschiefer des 816 m langen Jeschkentunnels zeigten nur 2 Ringe mit zusammen 16 m Länge so schwere, echte Gebirgsdruckerscheinungen, daß auch die Sohlgewölbe zerquetscht und aufgetrieben wurden, sonst waren nur geringere Druckerscheinungen zu verzeichnen[35]. Im Karawankentunnel betrug die Länge der druckhaften Karbonstrecke 2000 m; auch hier waren die Druckerscheinungen nicht gleichmäßig. 480 lfd. Meter erforderten Erneuerung des ganzen Firstgewölbes und teilweise auch der Widerlager, auf weitere 134 m mußte bloß das Firstgewölbe erneuert werden.

Es ist jedoch keineswegs nötig, daß diese Stellen, die später rekonstruiert werden mußten, auch während des Auffahrens bereits

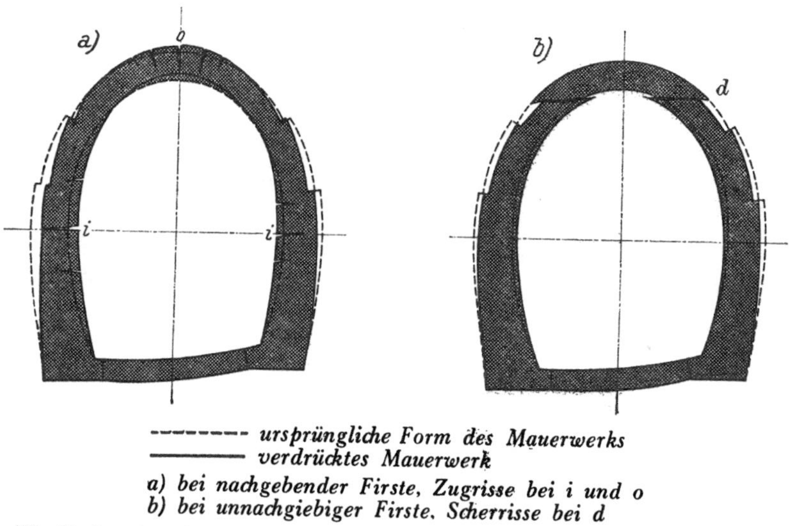

Abb. 31. Zerstörungsformen durch Zusammengehen der Ulmen bei echtem Gebirgsdruck.

ein Höchstmaß an Schwierigkeiten darstellten. Häufig ist das Gegenteil der Fall. Teile, die während des ersten Auffahrens schwer druckhaft sind, in denen wiederholt der Einbau zerstört wird, sind später ruhig. Eine Erscheinung, die durchaus erklärlich ist. Die Bildung der Schutzzone erfolgte im einen Falle rasch unter intensiven Druckäußerungen, im anderen Falle ging der Vorgang langsamer vor sich und die Mauerung reichte zur Bildung eines Gleichgewichtszustandes nicht aus.

In einem Braunkohlenbergbau mit 30 bis 40 m Überlagerung zeigten alle Strecken in einer Richtung starke Erscheinungen echten Gebirgsdruckes, dagegen waren in allen auf diese Richtung senkrechten Strecken überhaupt keine derartigen Druckäußerungen zu bemerken.

Die Erklärung für die beschriebenen Unregelmäßigkeiten wird zum Teil auf bodenphysikalische Ursachen zurückzuführen sein, zum anderen Teil aber in tektonischen Kräften gesucht werden müssen. Außerdem spielen noch Schichtung und Klüftung dabei eine entscheidende Rolle.

IV. Gleichzeitiges Auftreten von Auflockerungsdruck zusammen mit echtem Gebirgsdruck.

Daß sich echter Gebirgsdruck durch das Gewicht der Auflast oder durch gebirgsbildende Kräfte häufig mit Blähungsdruck überlagert,

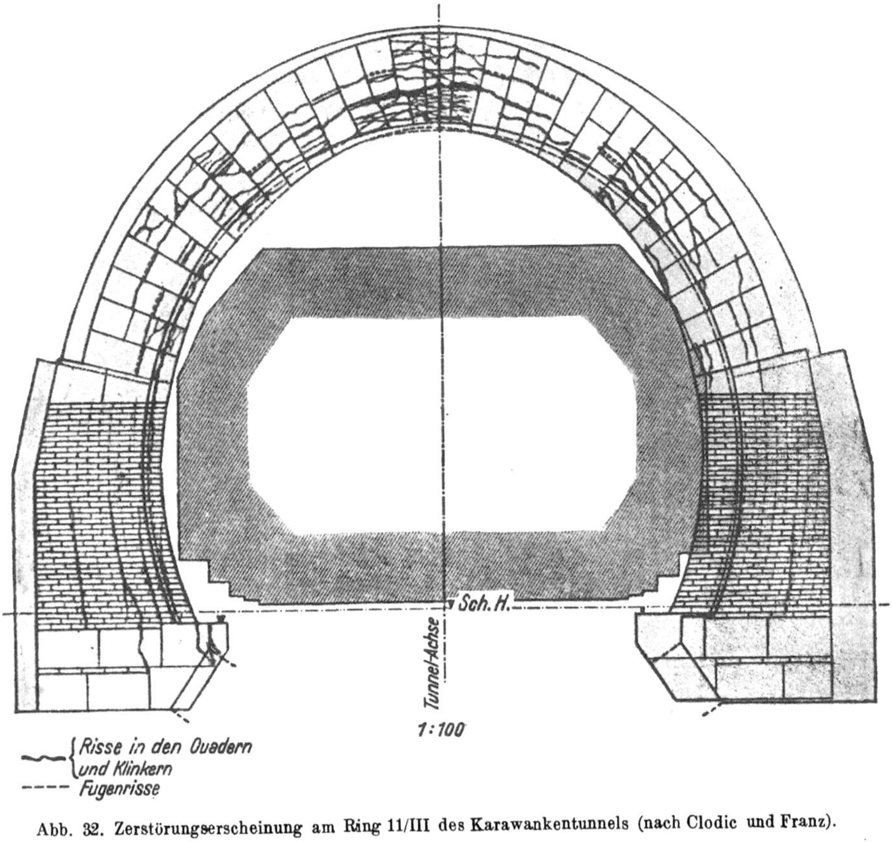

Abb. 32. Zerstörungserscheinung am Ring 11/III des Karawankentunnels (nach Clodic und Franz).

wurde bereits erwähnt. Es darf jedoch nicht vergessen werden, ausdrücklich darauf hinzuweisen, daß gleichzeitig mit dem echten Gebirgsdruck auch Auflockerungsdruck vorkommen kann. Die Möglichkeit ist um so größer, je breiter der Tunnel und je geringer die Kohäsion des angefahrenen Gebirges ist. Daß dabei die Tunnelbau- und Betriebsweise und die Zeit eine ausschlaggebende Rolle spielen, wurde bereits im Kapitel Auflockerungsdruck erwähnt.

Damit Auflockerungsdruck unabhängig wirken kann, muß ein Loslösen der auf dem vorläufigen bzw. endgültigen Einbau lastenden

Gebirgsmasse vom Grundgebirge stattgefunden haben, sonst handelt es sich nicht um Auflockerungsdruck oder es liegt zusätzlich noch echter Gebirgsdruck vor.

Die Unterscheidung, ob die Firste durch Auflockerungsdruck oder durch Ausquetschen des gezogenen Körpers belastet wird, oder ob sich beide Erscheinungen addieren, ist in der Praxis fast unmöglich. Das Belasten der Firste mit einer losgelösten aufgelockerten Masse bedeutet jedoch eine nicht zu unterschätzende Gefahr, denn Seitendrücke beim echten Gebirgsdruck sind so gewaltig, daß sie ohne weiteres in der Lage sind, den endgültigen Ausbau samt der aufgelockerten Gebirgsmasse zu heben bzw. die Lockermassen zusammenzupressen. Nachweisen lassen sich derartige Vorgänge durch genaue Kontrollmessungen der Verhältnisse zwischen Tunnelbreite und Höhe in fertigen Tunneln, die man in regelmäßigen Abständen durchführt. Steigt der Scheitel bei gleichzeitigem Zusammenpressen der Seitenwände auf, was nicht selten vorkommt, so ist der beschriebene Fall eingetreten. Kann die Firste hochsteigen, so kommt es zum Aufreißen der Kalotte im Scheitel an der Außenleibung und vielleicht zu kleinen Druckerscheinungen an der Innenleibung (s. Abb. 31 a). Gibt die Firste aber nicht nach, so hält das Gewölbe oder es treten unterhalb des Scheitels Abscherungen ein (s. Abb. 31 b) oder aber Schalenbildungen (s. Abb. 32), wie sie die zerdrückten Ringe des Karawankentunnels zeigten.

B. Beispiele für Zerstörungen an Tunneln und Stollen durch echten Gebirgsdruck oder Blähungsdruck.

1. Sprödes, festes, massiges Gebirge.

Als die bekanntesten Beispiele für umfangreiche Bergschlagerscheinungen bei Tunnelbauten sind der Simplontunnel, der Wocheiner- und der Tauerntunnel zu nennen. Genauere Beschreibungen der Erscheinungen oder Beobachtungen über den Zeitpunkt der Auslösung in Abhängigkeit von Arbeiten im Tunnel usw. sind leider nicht gegeben worden; dagegen ist uns besonders vom Simplontunnel ein eindrucksvolles Bildmaterial übermittelt, das nachstehend in den Abb. 33, 34 und 35 wiedergegeben ist. Die Bilder wurden im Stollen II im Bereiche von km 9,7 ab NP aufgenommen, einer Stelle, wo die Überlagerung rund 2 000 m beträgt. Das durchörterte Gestein an dieser Stelle war Kalk [9, 12].

Vom Tauern- und Wocheinertunnel sind weniger eindrucksvolle Aufnahmen vorhanden.

Das Gebirge, bei dem die Bergschlagerscheinungen beobachtet wurden, war in allen drei genannten Fällen so gut, daß bei geringen Überlagerungen keine Mauerung notwendig gewesen wäre. Der gewaltige Überlagerungsdruck führte dagegen nicht nur zu Bergschlägen, sondern auch zur Schutzzonenbildung in Form einer Aufblätterung der Gebirgsschichten in der nächsten Umgebung der

Tunnelwandung, was man beim Simplontunnel anläßlich des Vortreibens des Firstschlitzes sehr schön feststellen konnte (s. Abb. 36). Der sonst gesunde Gebirgskörper wurde durch die Bildung der Lockerungszone derart zerstört, daß eine Verkleidung unbedingt erforderlich war. Das Bild ist auch gleichzeitig ein ausgezeichnetes Beispiel für die Zerstörung einer bereits um den Sohlstollen gebildeten Schutzzone durch einen neuen Bauvorgang (Firstschlitz).

Im Tunnel ist mit der Vermauerung der Strecke der Bergschlag gebannt. Die Zeit der Beobachtung derartiger Erscheinungen ist daher sehr begrenzt. Beim Bergbau liegen die Verhältnisse anders;

Abb. 33.

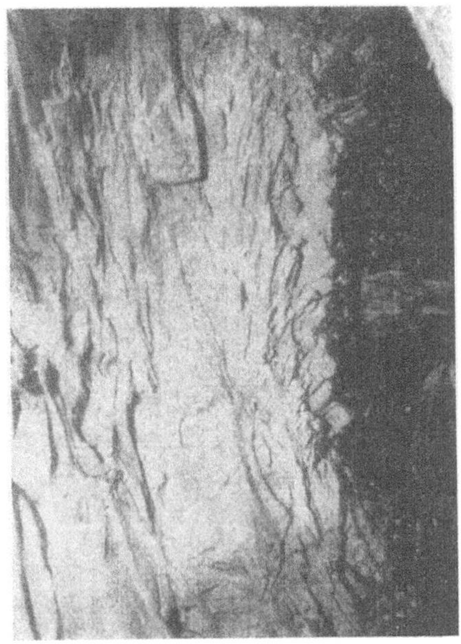

Abb. 34.

Abb. 33. Beginnender Bruch der westlichen Ulme des Stollens II bei km 9,760 ab N. P. im Simplontunnel (nach Andreae).

Abb. 34. Fortschreitender Bruch der westlichen Ulme des Stollens II bei km 9,743 ab N. P. im Simplontunnel (nach Andreae).

die Strecken bleiben unverkleidet. Wir verdanken daher dem Bergbau ein reiches, umfassendes Beobachtungsmaterial, aus dem ich die Arbeiten Tschernigs über die Bergschläge in den Kärntner Bleizinklagerstätten als sehr gründlich und interessant herausgreife. Die Beobachtungen gehen bis auf das Jahr 1900 zurück. Von 1900 bis 1930 wurden 830 Bergschläge verzeichnet.

Die Stärke der als „Detonationen" bezeichneten Bergschläge bewegt sich akustisch gemessen in Grenzen vom Knall einer Zündkapsel bis zum schweren Dynamitschuß. Die heftigsten Spannungsauslösungen vergleicht T s c h e r n i g mit dem Einschlag einer Granate mittleren Kalibers.

Der Hörbereich der stärksten Bergschläge war drei- bis viermal größer als jener eines Sprengschusses von rund 0,5 kg Dynamitladung. In den Häusern, die im Erschütterungsbereich liegen, waren Erscheinungen wahrzunehmen, die jenen bei Erdbeben stärkeren Grades gleichkommen.

An Hand des reichen Beobachtungsmateriales stellt T s c h e r n i g fest, daß Auslösung der Bergschläge, welche dort nur im kom-

Abb. 35. Bergschläge bei km 9,672 ab N. P. im zweiten Simplontunnel (nach Andreae).

pakten, spröden Kalk vorkamen, zweifellos durch Sprengschüsse beeinflußt wurden. Die meisten Bergschläge kamen in der Hauptschußzeit vor. Nach Bildung einer Lockerungszone kommt ein Ort zur Ruhe. Wird die Lockerungszone entfernt, so beginnt das Gebirge wieder zu arbeiten, es bilden sich erneut Loslösungen. Ist ein Ort in einem labilen Spannungszustand, der sich durch Knistern des Gebirges äußert, so können kleine Erschütterungen z. B. durch Pick- oder Bohrhämmer hervorgerufen, einen allmählichen Spannungsausgleich herbeiführen. Dabei erfolgen schwache Knalle in kurzen Abständen aber ohne Abplatzungen zum Unterschied zu manchen Kohlenbergwerken, wo während des Arbeitens andauernd Absprengungen von Gesteinsteilchen erfolgen, so daß es dort notwendig war, die Arbeiter besonders zu schützen. Die Stärke der gelockerten Zone im Kalk wurde durch Abklopfen und durch Unterschiede im Sprengstoffverbrauch im Durchschnitt mit rund 0,50 m ermittelt. Es wäre hiezu aber zu bemerken, daß dieses Maß nicht der Stärke der Schutzzone gleichkommt, sondern lediglich einen Teil davon bildet. Die durch Gebirgsdruck entstandene Gefügeauflockerung des Gebirges wurde auch hier zur Ersparnis von Bohrlochlänge und Sprengstoff verwertet.

Tschernig zeigt, daß die Ursachen der Bergschläge in den Südkärntner Bleizinkbergwerken nicht auf Überlagerung, sondern auf tektonische Drücke zurückzuführen sind, wobei die Gebirgsbewegungen sogar durch Messungen nachgewiesen wurden. Die zeitliche Verteilung der Bergschläge war periodisch. Auf Zeiten lebhafter Tätigkeit folgten solche geringerer bzw. längere Ruhepausen [22, 30].

Abb. 36. Stollenerhöhung im zweiten Simplontunnel km 9,712 bis 9,743. Rechts Risse um den Sohlstollen freigelegt (nach Andreae).

2. Gebräches Gebirge.

Im Tunnel 36 der Elburs-Nordrampe der eingleisigen, normalspurigen Transiranischen Eisenbahn wurde Lias-Tonmergel durchfahren, der in größeren Abständen von einigen geringmächtigen Tonsandsteinschichten durchsetzt war.

Im Bereiche von etwa 100 m Entfernung von den Eingängen bei einer Überlagerung von 40 bis 50 m zeigten sich besonders auf der Südseite bald die bekannten Druckerscheinungen: Brechen der Ulmenzimmerung durch Seitendruck, später Ausknicken der Kappen, Hochsteigen der Sohle, starke Verringerung des Gesamtquerschnittes, so daß die Wagen nicht mehr durchkamen und nachgerissen werden mußte.

Nach Vortrieb des Firststollens und Beginn des Kalottenausbruches kam es zu starken Stauchungen des Körpers zwischen Sohl- und Firststollen durch Seitendruck, wobei Zusammendrückungen von 70 cm und mehr keine Seltenheit waren. Besonders schön zeigt das Ausquetschen des Gebirges Abb. 37, das eine verdrückte Schuttlochzimmerung darstellt. Vor allem in der Strecke km 0,5 bis 0,9 zeigten sich sehr starke Druckerscheinungen, so daß dort die stärksten Mauerungsregelquerschnitte mit 80 cm Gewölbestärke vorgesehen wurden. Die Bauunternehmung verfügte über ausgezeichnete Arbeitskräfte und hielt die Arbeitsstrecke verhältnismäßig kurz (300 bis 350 m). Der Firststollen folgte nach Monatsfrist dem Sohlstollen, zwei Wochen später fing man den Kalottenausbruch an. Vom Beginn des Kalottenausbruches bis zur fertigen Widerlagermauerung benötigte man 10 Wochen. Das Sohlgewölbe folgte in der Mitte der kritischen Strecke unmittelbar der Widerlager-

Abb. 37.

Abb. 38.

Abb. 37. Zerdrückte Schuttlochstrebe Tunnel 36 der Elburs-Nordrampe (nach Rabcewicz).

Abb. 38. Zerdrückte Steher und verringerter Querschnitt im Tunnel 16 der Elburs-Nordrampe (nach Rabcewicz).

herstellung, an den Enden der Zerstörungsstrecke wurde es allerdings erst 6 bis 7 Wochen später eingezogen. In dieser Zeit wurde bereits Zusammengehen der Widerlager bis zum Höchstmaße von 18 cm festgestellt.

Während an anderen Tunneln der insgesamt 2 km langen geologisch ungünstigen Strecke in den Lias-Tonmergeln und -Tonschiefern die Widerlagerbewegungen bald nach dem Einziehen des Sohlgewölbes zur Ruhe kamen, ging in diesem Falle das seitliche Zusammendrücken, das nur nach wenigen Millimetern im Monat zählte, immer weiter. Die Bewegung war durchaus unstetig und konnte mit keinen äußeren Vorgängen in Zusammenhang gebracht werden.

Zwei Jahre nach Fertigstellung des Tunnels traten dann schwere Risse und Abplatzungen im Gewölbescheitel auf, wobei die Kalotte abgeschert wurde, wie dies Skizze Abb. 31 b zeigt. Es fand dabei kein Brennen der Fugen statt, sondern ein reines Abschieben. Das an manchen Stellen als Schichtenmauerwerk in Sandstein ausgeführte, an anderen Stellen betonierte Gewölbe zeigte genau dieselben Zerstörungsformen. In Ringen, bei denen lediglich der Gewölbeschluß in Haustein der übrige Teil des Gewölbes aber in Beton aufgeführt war, liefen die Risse durch beide Materialien ohne Störung durch, als wäre es ein homogener Körper. Entsprechend seiner größeren Festigkeit traten beim gemauerten Gewölbe die Risse lediglich etwas später auf. Meist war die Abscherung auf der Bergseite eingetreten, seltener talseits, an einigen wenigen Stellen auch beiderseits. Die losgelösten Teile schienen weiter nicht zermahlen, sondern in sich noch ziemlich fest. Die schwersten Zerstörungen traten in einer Strecke von rund 200 m zwischen Tunnelkilometer 0,7 und 0,9 auf und bezeichnenderweise gerade dort, wo die Achse des Tunnels, der als Kehrtunnel alle Stellungen zum Gebirgsbau einnahm, parallel zu den ziemlich steilstehenden Schichten lief. Gleichzeitig war an dieser Stelle auch die größte Überlagerung von 120 bis 140 m. Das Firstgewölbe mußte erneuert werden.

Nebenbei sei erwähnt, daß in der ganzen Tonmergelstrecke wiederholt Grubengas angefahren wurde, besonders im Tunnel 36 kam es zu einer Reihe von Schlagwetterexplosionen und langandauernden Bränden.

In den gleichen geologischen Schichten lag auch der Tunnel Nr. 16, ebenfalls ein Kehrtunnel von km 200^{470} bis km 201^{030}. In den Ringen 24 und 25 der Ausgangsseite kam es zu Druckerscheinungen. Schon beim Vortrieb des Sohl- und Firststollens traten die gleichen Schwierigkeiten auf wie bei dem früher geschilderten Fall. Die Unternehmung stellte den Sohlstollenvortrieb auf der Ausgangsseite wegen geringen Wasserandranges bei Gegengefälle 6 Wochen lang ein, mit dem Ergebnis, daß der Stollen nach dieser Zeit wegen der starken Querschnittsverringerungen nicht mehr befahren werden konnte. Der ursprünglich mit 5 m² vorgetriebene Stollen maß nach dieser kleinen Pause nur mehr 2,3 m². Am besten zeigt Abb. 38 die Größenverhältnisse des verdrückten Stollens und die hereingedrückten, teilweise gebrochenen Steher. Leichter Wasserzutritt erweichte die Schiefer. Die bei Belgischer Bauweise nicht sachgemäß ausgeführte Kalottenmauerung und Unterfangung setzte sich, wobei ein Teil der Kalotte abriß.

Um schwere Setzungen und Verdrückungen des Firstgewölbes und damit einen allfälligen Einsturz an der kritischen Stelle zu verhindern, wurden zwischen den Kämpfern kräftige Betonbalken 80/40 cm in Abständen von 1,50 m eingezogen und untereinander abgestützt. Eine Maßnahme, die der Verfasser öfters mit ausgezeichnetem Erfolg anwandte.

Man rettete so die Lage. Sodann wurden sofort die Widerlager gemauert und nachträglich das Firstgewölbe in schmalen Streifen von 2 m Breite ausgewechselt.

Der Sicherheit halber wurden die gleichen Betonbalken auch noch zwischen den Kämpfern der drei darauffolgenden Ringe Nr. 26 bis 28 eingezogen.

Während man in den Ringen 24 und 25 mit schweren Druckerscheinungen zu kämpfen hatte, die allerdings, wie erwähnt, zum Teil auf unrichtiges Arbeiten zurückzuführen waren, gingen die Ausweitungs- und Mauerungsarbeiten in der ganzen darauffolgenden Strecke ohne Schwierigkeiten und ohne wesentliche Druckäußerungen vonstatten. Nur der obere Teil der Kalotte bedurfte einer Verpfählung,

Abb. 39. Zerdrückte Betonstrebe im Tunnel 16 der Elburs-Nordrampe (nach Rabcewicz).

ihr unterer Teil und die Widerlager dagegen nicht. Die Ausweitung und Mauerung des Firstgewölbes benötigte rund ein Monat einschließlich der Einziehung der Betonbalken, welche man bei den Ringen 26 und 28 zugleich mit den Kämpfern herstellte. Zwei Monate später wurden die Widerlager hergestellt, aber erst nach weiteren 6 Monaten das Sohlgewölbe eingezogen.

Einige Zeit vor dem Einziehen des Sohlgewölbes wurde bemerkt, daß sämtliche Betonbalken der Ringe 28 und 27 und zwei Balken des Ringes 26 Risse und Zerstörungen zeigten. Es wurde festgestellt, daß der Seitendruck sämtliche Betonbalken zerdrückt hatte. Die Zerstörungserscheinungen glichen bei 9 Balken genau jenen von Druckproben im Versuchsraum, lediglich 2 Balken zeigten schiefe Risse, die vielleicht auf Fehler in der Betonierung zurückzuführen sind (s. Abb 39). Die Zusammendrückung betrug 70 mm.

Dagegen waren bezeichnenderweise die Balken der Ringe 24 und 25, die während des Baues schweren Druck gezeigt hatten, und der erste anschließende Balken des Ringes 26 unversehrt geblieben.

Wenige Wochen nach der Einziehung des Sohlgewölbes mußten die Balken entfernt werden, um den Tunnel für die Gleislegung freizugeben. Man erwartete, daß die Ringe weiter zusammengehen würden und rechnete mit ihrer Auswechslung. Die zunächst monatlich und dann in größeren Abständen vorgenommenen Messungen ergaben jedoch keine weiteren Veränderungen, die Ringe waren noch nach drei Jahren im gleichen Zustand.

Die Kräfte, die zur Zerstörung der Balken notwendig waren, müssen von der Größenordnung von mindestens 500 to je Balken gewesen sein. Die Schätzung des Gebirgsdruckes ist noch unsicherer, es dürfte sich aber größenordnungsmäßig um Kräfte von 70 bis 90 to je m^2 gehandelt haben.

Die Überlagerung war an der kritischen Stelle nur 50 m. Das Gesteinsstreichen war auch hier wieder parallel mit der Tunnelachse bei steilem, fast saigerem Einfallen.

Warum waren in den Ringen 24 und 25, die gerade während des Baues druckhaft waren keine Zerstörungen eingetreten und warum waren die Ringe 26 bis 28 zerstört worden, die beim Ausbruch keinerlei Schwierigkeiten verursacht hatten? Gerade das Gegenteil würde man normalerweise erwarten. Die Erklärung gibt uns die Schutzzonenbildung und die hiezu nötige Zeit.

Bei den Ringen 24 und 25 hatte das Gebirge bereits während des Ausbruches Gelegenheit zur Ausdehnung, welche zur Bildung der Schutzhülle unerläßlich ist. Bei den Ringen 26 bis 28 dagegen hatte man die Ausdehnung durch Einziehen der Betonbalken unmöglich zu machen gesucht und damit die Stabilisierung des Spannungsgefälles d. i. die Schutzzonenbildung verhindert. Trotz der geringen Überlagerung genügten die Kräfte bei der ungünstigen, fast saigeren Schichtstellung parallel zur Achse, um den Bruch der Balken herbeizuführen. Ein Nachgeben von nur 70 mm der Mauerung hatte genügt, um das Spannungsbild so zu verändern, daß dann im Zusammenwirken mit den Kräften, die das Sohlgewölbe aufnahm, Gleichgewicht eintrat.

Die gleichen typischen Druckerscheinungen, wie sie in Lias-Mergeln auftraten, wurden auch beim Scheiteltunnel der Elburs-Nordrampe der Transiranischen Eisenbahn in den Tonschiefern und Schiefertonen des Devons beobachtet. Die Strecke kam nach Einbau des Sohlgewölbes völlig zur Ruhe, es traten keine Risse auf. Das Schichtstreichen war etwa 25° schräg zur Tunnelachse, das Fallen rund 60°, die Überlagerung 80 bis 100 m.

Beim neuen Apenninentunnel wurden zwischen km 2^{300} und 3^{000} vom Nordeingang stark verworfene eozäne Tonschiefer und Schiefertone angefahren. Der Sohlstollen in dieser Strecke wurde derart verdrückt, daß die Förderung nicht mehr möglich war. Nach wiederholtem Nachreißen ging man dann vom normalen Holzeinbau ab und wählte eine elastische Stollenverkleidung in Form eines Gewölbes aus Holzziegeln (s. Abb. 40), die sich sehr gut bewährte. Die Gewölbehölzer hatten eine Stärke von 0,50 m, der Stollen einen lichten Durchmesser von 3,25 m. Bei der Ausweitung der Kalotte brachen Kronbalken und Wandruten von 60 cm Durchmesser. Die belgisch gemauerte Kalotte wurde zusammengedrückt und erlitt Setzungen, bevor noch die Unterfangung durch die Widerlager und der Sohlgewölbeeinbau gelang. Man ging daher versuchsweise zur Österreichischen Bauweise über. Aber auch diese führte zu einem Mißerfolg, weil die Widerlager, ehe man noch zum Gewölbeschluß kam, unregelmäßig hereingeschoben wurden. In der schweren Druckstrecke mußten rund 7 800 m³ Mauerwerk, d. i. 42 % der Gesamtmauerwerksmenge der Druckzone ausgewechselt werden. Die Überlagerung betrug rund 400 m [26].

In der beschriebenen Tonschieferstrecke traten besonders starke Methangasausströmungen auf. Es kam zu Explosionen und langandauernden Bränden, Schwierigkeiten, die die Arbeiterschaft bis an die Grenze des Möglichen beanspruchten.

Mit zu den schwersten Strecken, die bisher überhaupt im Tunnelbau bewältigt wurden, zählt die Karbonstrecke des Karawankentunnels der Eisenbahnlinie Villach—Triest. Die Druckstrecke liegt hauptsächlich in Kohlenschiefern durchsetzt von Schichten von Schiefertonen und Tonschiefern mit Quarzkonglomeraten und Quarzsandsteinen. Während die Tonschieferstrecken sehr gebräch waren, zeigten sich die Quarzkonglomerate und Quarzsandsteine „glashart". Die Druckerscheinungen traten äußerst rasch und schwer auf: Auftrieb der Stollensohle, Brechen der Steher und Kappen. Allseitige Verengung des Stollenprofiles behinderte die Arbeiten. Es heißt in der Beschreibung wörtlich: „Die Zerstörungen und Deformationen erfolgten oft so rasch, daß die Wiederherstellungsarbeiten nicht Schritt zu halten vermochten und es vorkam, daß der Bohrwagen, der vor der Bohrung noch anstandslos den Stollen passiert hatte, vier Stunden später wegen Verengung des Stollens nicht mehr zurückgeschoben werden konnte." Daß es sich dabei primär um Seitendruck und um Firstdruck lediglich als Stauchungserscheinung handelt, zeigen klar die Abb. 41 bis 46 [4]. Wie stark der Seitendruck noch nach den gewaltigen Deformationen während des Ausbruches wirkte, zeigt der Ring 11/III der Karbonstrecke Abb. 32. Die schwere Quadermauerung wurde am linken Ulm rund 26 cm, am rechten rund 60 cm hereingedrückt, während die Firste sich nur etwa 8 cm setzte.

Die Erscheinungen des echten Gebirgsdruckes waren damals noch wenig bekannt, man bekämpfte daher das Hereinwachsen des Gebirges durch möglichst kräftige und unbewegliche Einbauten. Im Sohlstollen verwendete man schwere eiserne Rahmen aus Doppel-U-Eisen N. P. 30, die naturgemäß genau so verdrückt wurden wie der Holzeinbau. Äußerst bezeichnend für die Erscheinungen echten Gebirgsdruckes ist die Beschreibung der Bauweise zu der man nach längeren Erfahrungen im Stollen schritt: „Am besten bewährte sich ein hoher Stollen mit

Abb. 40. Sohlstollen im Apenninentunnel (aus „La diretissima Bologna-Firenze")

Abb. 41.

Abb. 42.

Abb. 43.

Abb. 44.

Abb. 45.

Abb. 41—45. Zerstörungserscheinungen durch echten Gebirgsdruck bei der Durchfahrung der Karbonstrecke des Karawankentunnels (nach Klodic und Franz).

schmaler Firste, mit kurzen, schweren Kappen, die nicht so leicht durchbrechen konnten. Dicht verzogen wurde nur die Stollenfirste, hingegen wurden die Ulmen freigehalten, um keinen Seitendruck auf

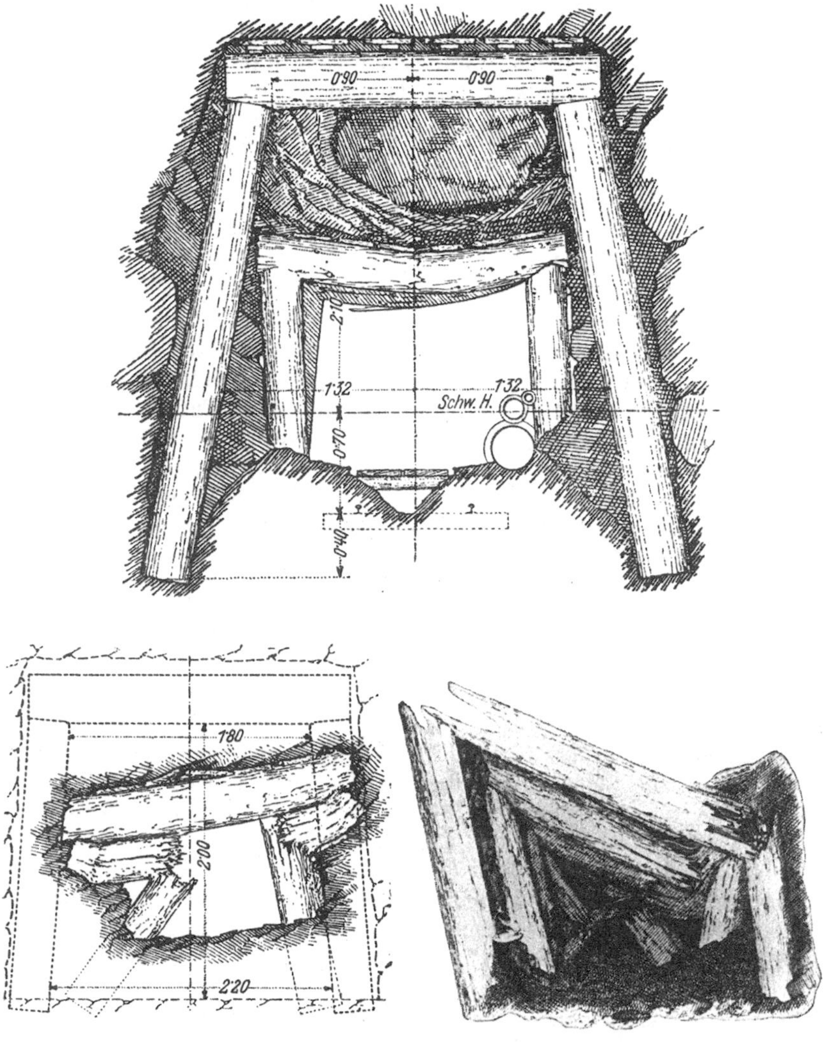

Abb. 46. Verdrückungen im Sohl- und Firststollen des Karawankentunnels (nach Klodic und Franz).

die langen Ständer zu übertragen. Sobald der Schiefer an die Ständer angewachsen war, wurde er sogleich mit der Spitzhaue nachgenommen."

Der beobachtete „überwiegende" Firstdruck war ein Stauchungsdruck, der die bereits durch seitlichen Druck beanspruchten Kappen soweit sie nicht schon hiedurch ausknickten, durch Ausquetschen des gezogenen Körpers noch zusätzlich auf Biegung belastete und brach. Vielfach liegt sicher auch ein Beobachtungsfehler vor. Oftmals knicken die Kappen, während die Steher bruchlos hereingedreht werden. Es ist naheliegend, derartige Seitendruckerscheinungen für Auswirkung von Firstdruck zu halten. Der Firstdruck wurde auch deshalb als „überwiegend" empfunden, weil seine Auswirkungen störend durch Brechen der Kappen wirkten, die dann ausgewechselt werden mußten. Der primäre Seitendruck kam bei dieser Ausbauart nicht mehr dazu störend zu wirken, denn man schaffte sich ihn durch Aushacken des Gebirges an den Ulmen vom Leibe.

Bezeichnend für das Wesen der auftretenden Druckerscheinungen ist ferner die Beobachtung, daß während des Firststollenvortriebes im darunterliegenden Sohlstollen eine erhebliche Vergrößerung des Gebirgsdruckes zu beobachten war. Die 4 m starke Gesteinsbank zwischen den beiden Stollen wurde durch die starken, seitlichen Gebirgspressungen zusammengedrückt und wich, im Firststollen die Sohle stark emportreibend und im Sohlstollen die Firste niederbrechend, nach oben und nach unten hin aus. Das Lichtbild, Abb. 37, vom Tunnel 36, das die beschriebene Erscheinung denkbarst schön wiedergibt, könnte ebensogut im Karawankentunnel aufgenommen worden sein.

Eine interessante Erscheinung zeigt die linke Stollenskizze der Abb. 46. Die Kappe des Firststollens brach nicht, obwohl sie beiderseits bis zu einem Viertel vom Gebirge eingeschlossen ist.

Von den Schwierigkeiten des Vollausbruches, den zu beschreiben hier zu weit führen würde, kann man sich eine Vorstellung machen, wenn man hört, daß für den laufenden Meter Tunnel im Karbon 19 m³ Holz verwendet wurden. Eine Holzmenge, die als Festmasse etwa ein Viertel der Querschnittsfläche des Vollausbruches ausfüllen würde.

Nicht weniger bezeichnend für die Erscheinungen echten Gebirgsdruckes ist die Beobachtung, daß gerade in den drückendsten Kohlenschieferpartien nach längerem Aufschluß des Gebirges an vielen Stellen eine Verminderung der Gebirgspressung beobachtet wurde, und zwar hat man eine merkliche Abschwächung der Druckerscheinungen, sowohl bei den Ringwiederherstellungen als auch schon früher bei der Stollenerhaltung wahrgenommen. Das anfänglich sehr energische Hereinquellen des Schiefers ließ nach mehrmaliger Stollenauswechslung erheblich nach. Allerdings erfolgte dann durch weitere störende Eingriffe, wie Vortrieb des Firststollens und Vollausbruchsarbeiten wieder eine Druckzunahme in der bereits beruhigten Stollenstrecke desselben Querschnittes. Dies bedeutet nichts anderes als die eingangs beschriebene Störung der jeweils nach einem Arbeitsabschnitt des Ausbruches entstandenen Schutzzone durch neue Stadien, die immer wieder erneute Stabilisierung des Druckgefälles bedingen.

Das Schichtstreichen lag bei verschiedenem Einfallen ungefähr senkrecht zur Tunnelachse. Die Überlagerung in der kritischen Strecke war rund 650 m.

Die Druckerscheinungen beschränken sich nicht nur auf die Tonschiefer, Schiefertone und Kohlenschiefer, sondern traten dann auch in den ursprünglich glasharten Quarzkonglomeraten und Quarzsandsteinstrecken auf.

Von der Meinung, daß es sich um „Blähen", also Volumsvergrößerung der Gesteine handelt, kam man bereits damals ab und vermutete die Ursache der Erscheinungen richtig im reinen Gebirgsdruck.

Bei einem Freispiegel-Stollen eines Wasserkraftwerkes in der Ostmark, der druckhafte Ton- und Kohlenschiefer sowie Schiefertone der Lunzer Schichten (mittleres Trias) durchörtert, traten bald nach der Fertigstellung Zerstörungen auf, die überall dasselbe Bild zeigen. An den Ulmen wird die Mauerung in das Profil hereingedrückt, während sich der Gewölbescheitel hebt. Es sind allenthalben an den Kämpfern klaffende Fugen und an der Firste leichte Pressungserscheinungen an der Innenleibung zu sehen, aus denen man zwangsläufig auf Risse an der Außenleibung schließen muß. Die Zerstörungen schreiten seit Jahren mehr oder minder gleichmäßig fort. Die Profilveränderungen betragen höchstens 40 mm in der lichten Breite und 25 mm in der lichten Höhe. Die Hebungen entsprechen nahezu genau den Zusammenpressungen. Das Überprofil in der Firste wurde seinerzeit beim Bau trocken ausgeschlichtet.

Die Erklärung dieser Erscheinung wurde bereits gegeben, es ist die typische Form der Zerstörung wie sie Abb. 31 a darstellt. Auch hier wieder ist das Primäre der Seitendruck, der den Mauerungsquerschnitt leicht zusammendrücken konnte, da einer der beiden Kämpfer (in diesem Falle der Scheitel) ausweichen konnte. Wäre der Querschnitt im Scheitel mit Mörtelmauerwerk fest an das Gebirge angeschlossen worden, so hätte die Mauerung vielleicht dem Seitendruck standgehalten oder wäre nach einer der anderen Möglichkeiten gebrochen.

3. Verwittertes Gestein und Gesteine in Störungszonen.

Als besonders interessantes Beispiel für Erscheinungen echten Gebirgsdruckes in verwitterten Gesteinen seien Vorgänge während des Baues eines Kraftwerkstollens in der Ostmark beschrieben (37). Der mehrere Kilometer lange Stollen durchörtert im allgemeinen Amphibolit und festen Granitgneis, lediglich auf eine Strecke von rund 400 m Länge wurden Glimmerschiefer verschiedener Zerstörungsgrade vom festen Schußgebirge bis zum vollständig zerdrückten Glimmerbrei angefahren. In den festeren Partien war der Glimmerschiefer in verschiedenen Richtungen von Schmierlassen durchsetzt. Verschiedentlich traf man auch auf Quarzeinlagerungen, die durch die großen Beanspruchungen, denen das Gebirge ausgesetzt war, völlig zu Mehl zerdrückt worden waren. Festere Partien wechselten ohne jeden Übergang, nur durch Schmierlassen getrennt, unmittelbar mit solchen geringerer Festigkeit. Die kritische Strecke war gering wasserführend. An mehreren Stellen wurden unter Druck stehende Wasserlinsen angetroffen.

Die lotrechte Überlagerung betrug in der druckhaften Strecke im Mittel 200 m. Dieser Überlagerung entspricht ein Druck im ungestörten Gebirge von etwa 50 kg/cm². Am Rande des Hohlraumes stiegen die Beanspruchungen naturgemäß noch höher an. Da die Baustelle überdies an einem etwa 30° geneigten Hang lag und die überlagernden Massen durch einen alten Bergrutsch gebildet werden, darf man wohl annehmen, daß die Druckäußerungen nicht durch die lotrechte Überlagerung allein entstanden sind, sondern daß das zweifellos parallel zur Hangrichtung laufende Kräfte die vertikalen noch verstärkt haben.

Abb. 47. Hereindrücken der unverkleideten Ulmen durch echten Gebirgsdruck. Neben dem gebrochenen Bergmannspfahl ist deutlich eine Schichte zu sehen, die unter Harnischbildung sich rascher gegen die Tunnelmitte bewegt als die weiter vorne liegenden Gebirgsteile. Größe der Einschiebung etwa 10 cm (nach Heilbrunner).

Der angefahrene Glimmerschiefer zeigte sehr lebhafte echte Gebirgsdruckerscheinungen, wobei die Verschiedenheit der Gebirgsfestigkeit sehr unangenehm bemerkt wurde. In den standfesteren Schiefern stellte man langsame, auf lange Zeit andauernde, in den weicheren Partien dagegen raschere Bewegungen fest. Bild 47 zeigt sehr schön ein derartiges „Herauswachsen“ des weicheren Schiefers an den Ulmen neben einer langsamer sich bewegenden Schichte unter Harnischbildung. Beobachtungen ergaben dabei eine gegenseitige Verschiebung der Schichten von 5 cm in 24 Stunden. Da solche Änderungen der Gebirgsbeschaffenheit häufig auch quer zur Stollenachse verliefen, war eine unregelmäßige seitliche Verschiebung des Einbaues unvermeidlich. Die standfesteren Teile mußten beim Anfahren geschossen werden und machten einen durchaus soliden Eindruck, wie dies Abb. 48 zeigt. Trotzdem war die Gebirgsfestigkeit auch dieses Materials zu gering, um den Drücken zu widerstehen.

Zunächst setzte man die **Belgische Bauweise** unter Verwendung der Kunzschen Einrüstung, mit der man in der gesunden Granitgneisstrecke sehr gute Erfahrungen gemacht hatte, auch in der Druckzone fort. Es traten aber bald so starke Verdrückungen des endgültigen Ausbaues auf, daß man raschest zu anderen Methoden überging. Die ersten Zerstörungen traten in Form von Längsrissen im Firstgewölbe, und zwar zwischen Kämpfer und Scheitel bereits vor dessen Unterfangungen auf. Bis es dann nach mehreren Wochen gelang, die Ringe durch ein Sohlgewölbe zu schließen, waren die Widerlager durch starken Seitendruck an einigen Stellen sogar bis zu 35 cm zusammengerückt, wobei die Gewölbelaibung an den Kämpfern Zugrisse und im Scheitel Abplatzungen aufwies (Abb. 49). In den völlig geschlossenen Ringen kamen die Bewegungen trotz der Zerstörung später zum Stillstand.

Abb. 48. Stollenbrust in scheinbar standfestem Glimmerschiefer. In diesem Gebirge äußerte sich trotz der scheinbaren Standfestigkeit kräftiger, echter Gebirgsdruck, der die Auskleidung zerdrückte (nach Heilbrunner).

Nach diesem Mißerfolg wurde versucht, durch eine möglichst rasche fortlaufende Ringbauweise bei kürzester Baulänge die gefährliche Strecke zu überwinden: Man ließ einen Sohlstollen ganz kurz vorauseilen, in dem bereits ein Sohlgewölbe mit Stahlbewehrung verlegt wurde. Hinter dem Sohlstollen wurde der rund 30 m² messende Querschnitt im ganzen in Scheiben von 2,40 m Tiefe ausgeweitet, wobei man sich wieder der Kunzschen Rüstung bediente. Bis zum Gewölbeschluß waren nur 4 Ringe in Arbeit. Die Baulänge betrug vom Sohlstollen bis zum fertigen Firstgewölbe 18 m, wovon auf Ausweitung und Mauerung allein nur 9,60 m entfielen. Die Widerlager wurden ebenso wie das Sohlgewölbe in Stahlbeton mit Verwendung von hochwertigem Zement hergestellt, das Firstgewölbe in Klinkern gemauert.

Abb. 49. Zerstörtes Gewölbe in Belgischer Bauweise hergestellt. Abplatzungen des seitlich zusammengedrückten Ringes in der Firste (nach Heilbrunner).

Da die anfänglich verwendete Einrüstung des Sohlstollens mit Pokaleisenringen dem Gebirgsdruck nicht standhielt, ging man zur normalen Türstockzimmerung mit 40 bis 45 cm starken Hölzern über, die jedoch ebenfalls in kurzer Zeit zerdrückt und verschoben wurde. Hinter dem zersplitterten Verzug war das Gebirge verhältnismäßig standfest, so daß man durch ständiges Nachnehmen den notwendigen Querschnitt erhalten konnte. Die voraus betonierte Sohle hob sich in 3 Tagen um 16 cm, bis die Bewegung durch das Schließen des Ringes gestoppt wurde.

Nach dem Ausschalen der Ringe zeigten sich Zerstörungen der Mauerung bzw. Betonierung, wobei man wieder die bereits beim Tunnel 16 der Nordrampe der Transiranischen Eisenbahn geschilderte Beobachtung machen konnte, daß Mauerungsringe, die während des Ausbrechens die größten Schwierigkeiten gemacht hatten, später in sich nicht zerstört wurden. Es waren das jene Ringe, die ganz oder zum größten Teil im Glimmerbrei lagen. Dagegen wiesen die im standfesteren

Abb. 50. Risse an den Ulmen an der standfesteren Glimmerschieferzone (nach Heilbrunner)

Schiefer liegenden Ringe, deren Ausbruch nicht schwer war, in den Widerlagern sofort nach dem Ausschalen meist schräg verlaufende Risse auf (Abb. 50). Die Risse öffneten sich bis zu 6 mm. Die Bewegungen nahmen langsam ab und kamen völlig zur Ruhe. Bei den an sich unversehrt gebliebenen Ringen in der Glimmerbreistrecke öffneten sich an manchen Stellen die senkrechten Arbeitsfugen bis zu 10 mm, an anderen Stellen zeigten sich auch einseitige seitliche Verschiebungen der Ringe gegeneinander bis zu 15 mm. Diese letzteren Bewegungen erklären sich daraus, daß sich die Ausdehnungsbewegungen durch Gefügeauflockerung naturgemäß nicht allein im Tunnelquerschnitt vollziehen, sondern auch in seiner Längsrichtung, wobei die äußerst kurze, nur zweimal so lange als breite Arbeitsstrecke und das rasche Schließen derartige Bewegungen besonders begünstigten.

Da auch diese Baumethode nicht befriedigte, ging man zur Österreichischen Bauweise über, wobei man trachtete, die ausgebrochene Strecke möglichst lange offen zu halten. Mit Rücksicht auf die Sicherheit der Arbeiter, besonders in den nassen, zum Schwimmen neigenden Glimmerbreistrecken, konnte die fortlaufend geöffnete Ausweitungsstrecke nicht über 25 m ausgedehnt werden. Bei einem mittleren Fortschritt von 1,40 m je Tag blieb bei einzelnen Partien ein Zeitraum von etwa 18 Tagen zur Bildung eines Druckgefälles, der genügte, um zusammen mit der eingezogenen Mauerung einen Gleichgewichtszustand zu erzielen. Die Mauerung wurde in dieser Strecke nicht mehr zerstört.

Bei der verlassenen Scheibenbauweise war der Fortschritt 0,50 m täglich. Dagegen betrug die Arbeitstrecke, die dem Gebirge volle Ausdehnungsmöglichkeit gab, nur 2,40 m, in dem darauffolgenden Ring wurden bereits die Widerlager betoniert. Im Verhältnis zur Österreichi-

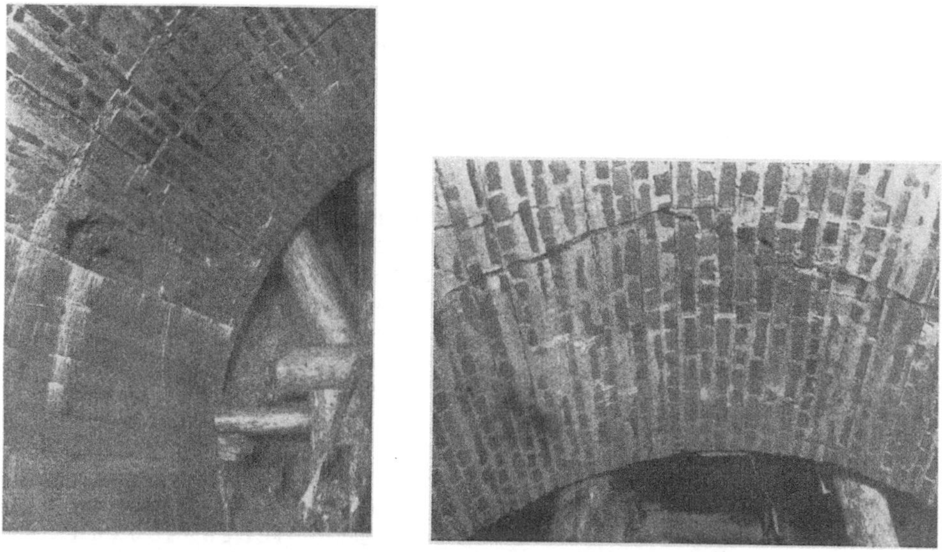

Abb. 51. Eine ursprünglich unversehrt gebliebene Mauerungszone wird durch die Ausbruchsarbeiten in der Nachbarschaft zerstört. Die Gefügeauflockerungsbewegungen reißen von dem Ring eine Scheibe ab (nach Heilbrunner).

schen Bauweise war daher nur weniger als die halbe Zeit für die Schutzzonenbildung vorhanden. Diese geringe Zeitspanne genügte trotzdem offenbar für die Partien geringerer Gebirgsfestigkeit mit lebhaften Bewegungen, nicht aber reichte sie aus für die Strecken in den festeren, träger reagierenden Schiefern mit geringeren Formänderungsgeschwindigkeiten, in denen ein Gleichgewichtszustand erst nach Zerstörung der Mauerung zustande kam.

Sehr lehrreich und bezeichnend für die Wirkung echten Gebirgsdruckes waren die Erfahrungen, die man beim Auswechseln der zerstörten Mauerungsringe machte, wobei man sich wieder der Österreichischen Bauweise bediente: Beim Abbrechen der zwar zerdrückten, aber zur Ruhe gekommenen, 40 m langen belgisch gearbeiteten Strecke in reinem Glimmerbrei, zeigte sich unvermindert starker Druck, und zwar nicht nur von der Seite, sondern auch von der Firste und Sohle. (Hauptschwellen wurden zerdrückt, Steher knickten, es mußte 80 bis 100 cm überfirstet werden, damit der Mauerungsquerschnitt von 60 cm Scheitelstärke gehalten wurden konnte.) Das Aufmachen einer Stelle verursachte Risse in den benachbarten, ursprünglich noch nicht beschädigten Partien. Das plastische Gebirge bewegte sich gegen die Stelle des Druckminimums und riß dabei die Enden des intakt gebliebenen Teiles ab (Abb. 51).

Die Erklärung für diese Erscheinungen wurde bereits gegeben. In der zerstörten Mauerungsstrecke war ein Gleichgewichtszustand eingetreten, bei dem die Mauerung trotz ihrer Risse einen äußerst wichtigen Faktor bildete. Die Entfernung der Mauerung bedeutete eine Störung dieses Gleichgewichtszustandes, der sich nun erneut bilden mußte. Es handelt sich um die Störung einer Schutzzonenbildung. Genau wie in einem bereits stabilisierten Sohlstollen das Vortreiben des Firststollens neuerliche Druckerscheinungen hervorruft. Die Beschädigung der angrenzenden, bisher gesunden Mauerwerkspartien ist ein Beweis für die Tiefe der Kräfteverlagerung in das Gebirgsinnere bei dieser Gebirgsart.

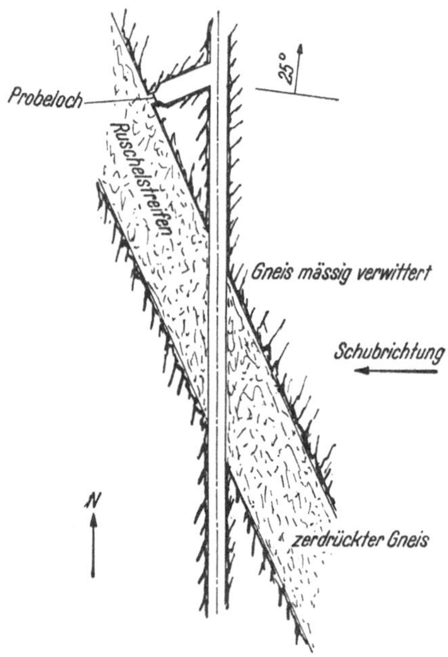

Abb. 52. Lageskizze des Stollenvortriebes beim Wolfsbergtunnel.

Beim Wolfsbergtunnel der Reichsautobahnstrecke Salzburg—Villach wurde in der Oströhre beim Sohlstollenvortrieb eine schräg zur Tunnelachse liegende Störungszone (Ruschelstreifen) von geringer Mächtigkeit durchfahren (s. Abb. 52). Der Tunnel liegt im Gneis mit Streichen nahezu senkrecht zur Achse und einem Fallen von etwa 25° gegen Norden. Der erwähnte Ruschelstreifen kreuzte unter spitzem Winkel das Schichtstreichen bei nahezu saigerer Aufrichtung. Der Verlauf der Störung prägte sich auch im kleinsten z. B. in der Lage der Glimmerschichten, der reichlich eingelagerten Pegmatite aus, bei denen der spröde Quarz so zerdrückt war, daß man Mühe hatte, Handstücke ganz nach Hause zu bringen. Die genannte nur wenige Meter breite Störungszone ist mit zerdrücktem Gneis ausgefüllt und hat ausgesprochen scharfe Grenzen gegen den gesunderen Fels. Beim Vortrieb stand das Gebirge ohne Verzimmerung der Brust, der Wasserandrang war ganz gering. Kurze Zeit nach dem Anfahren zeigten sich bereits schwere Druckerscheinungen, die sich in diesem Falle besonders an der Sohle äußerten. Die Sohlschwellen der kräftigen Gespärre des 7 m^2 großen Sohlstollens mußten durch Monate hindurch wiederholt ausgewechselt werden. Auch schwerste Schwellen von 40 cm ⌀ brachen. Geringer war der Druck an der Firste und an den Seiten. Stiny äußert sich zu dieser Erscheinung wie folgt: „Die Drau—Möll-Linie streicht der Millstätter-See-Störung gleichgerichtet; es ist sehr wahrscheinlich, daß der Wolfsbergrücken, welcher sich zwischen der Hauptstörung und ihrer Begleitlinie erhebt, durch ähnliche Bewegungen von Osten oder Südosten her unter Druck gekommen ist. Es wäre dies übrigens nur eine Wiederholung gleichartiger Bewegungen weiter im Süden; hier hat Holler sie längs der ‚Dobratschstörung' nachgewiesen, deren Fortsetzung ich vom Kaksattel gegen den Weißen See zu beobachten konnte."

Das Vorherrschen des Sohlendruckes läßt bei der geringen Überlagerung von nur 60 m nach den eingangs angestellten Überlegungen auf tektonischen Richtungsdruck schließen. Nach Stiny sind derartige Kräfte tatsächlich vorhanden, und zwar in Form eines von OSO kommenden Gebirgsschubes, der von den Karawanken gegen die Zentralalpen wirkt.

Bei dem erwähnten Stollen wurde noch ein interessanter Versuch gemacht. Kurz nachdem man wieder in gutem Gebirge angelangt war, schlug man gegen den Ruschelstreifen hin ein Fenster und öffnete mit möglichster Schonung des Felsens ein kleines Loch von etwa 70 cm ⌀, so daß der zerpreßte Gneis frei lag. Im Verlauf der nächsten Monate beobachtete man, daß der zerdrückte Gneis wie aus einer Ziegelpresse durch dieses Loch ausgequetscht wurde. Die Geschwindigkeit der Bewegung war sehr gering und belief sich auf etwa 10 mm im Monat.

Ähnliches wurde auch beim Simplontunnel beobachtet als man bei km 4^{450} vom Südportal die berüchtigte 42 m lange Druckstrecke erreichte. Auch dort wurde der kaolinisierte Glimmerkalk durch das Fenster, das man im Kalk durch den Richtstollenvortrieb geschaffen hatte, herausgepreßt.

Eine große Gefahr bei zerdrücktem Gebirge ist die Neigung zum Schwimmendwerden. So wurde beim Stollen eines Kraftwerkbaues in den Zentralalpen nach einer Strecke in verhältnismäßig gesunder Folge von Quarzit-, Phyllit- und Serizitschiefern eine Störungszone angefahren, in welche die Phyllit- und Serizitschiefer völlig zerdrückt waren. Gleichzeitig trat Wasserandrang von 5 Lit/s und mehr auf, der immer mit der Brust mitging. Der Vortrieb in den völlig aufgelösten, schwimmenden Schiefern ging nur sehr langsam vonstatten. An verschiedenen Stellen ergossen sich durch kleine Öffnungen viele Kubikmeter flüssiger Gebirgsmasse in den Stollen. Der Vortrieb mit Holz stieß auf Schwierigkeiten, weil sich die Vorsteckbretter bei der schweren Getriebearbeit beim Schlagen bald aufbürsteten und dann nicht mehr weitergetrieben werden konnten. Man beabsichtigte auf eisernen Einbau überzugehen, was zweifellos ein rascheres Vorwärtskommen gewährleistet hätte. Es kam dann jedoch nicht zur Ausführung dieser Absicht, da der Stollen früher durchgeschlagen wurde.

Bemerkenswert ist, daß nur geringer Firstdruck, dagegen nach einiger Zeit vornehmlich Seitendruck auftrat, äußerlich sichtbar durch das Hereindrücken der Steher, der Mann an Mann stehenden Zimmerung. Die auftretenden Druckerscheinungen sind jedoch verhältnismäßig gering und stehen trotz der Überlagerung von rund 200 m in keinem Vergleich mit den in den vorhin genannten Fällen geschilderten. Dies erklärt sich daraus, daß durch den beschriebenen, schwierigen Vortrieb mehr Material ausgehoben wurde als dem Querschnitt des Stollens entsprach, wodurch man unbeabsichtigt für die nötige Entspannung des Gebirges sorgte. Das Gebirge um den Stollen war hiedurch so wenig zusammengedrückt, daß man mit einem Stock ohne wesentliche Mühe tief eindringen konnte.

4. Tone.

Als verhältnismäßig harmloses Beispiel für einen Tunnelbau im Ton mit bezeichnender Gebirgsdruckäußerung sei die Eingangsstrecke der Südseite des Scheiteltunnels der Nordrampe der Transiranischen Eisenbahn erwähnt. Diese Strecke liegt auf eine Länge von 400 m im fetten Gehängelehm, der sich nur sehr unangenehm mit der Haue lösen ließ. Am besten ist sein Verhalten als „gummiartig" zu bezeichnen. Beim Ausbruch stand das Gebirge in lotrechten Flächen ohne jede Zimmerung. Ließ man es unverbaut, so lösten sich nach einigen Tagen Schalen aus der Wand. — Es wurde vollständig satt an das Gebirge angemauert. — Wenige Monate nach Fertigstellung des Tunnelgewölbes, noch vor Einbau eines Sohlgewölbes, zeigte sich ein unregelmäßiges Hereindrücken der bergseitigen Widerlager. Das Ausweichen betrug im Höchstfall 8 cm. Die Geschwindigkeit der Bewegung war äußersten Falles 15 mm im Monat. Sofortiges Einziehen eines Sohlgewölbes verringerte die Bewegungen zunächst auf einen geringen Bruchteil und brachte sie bei stetem Abnehmen im Verlaufe weniger Monate zum Stehen. In der gleichen Strecke wurde auch Aufsteigen der Sohle beobachtet, wobei der Kanal vom Widerlager abgetrennt wurde. Die Überlagerung betrug zwischen 30 und 40 m.

Im vorliegenden Fall handelt es sich zweifellos um elastische Ausdehnung des steifen, unter der Last der Überlagerung zusammengedrückten Tones. An verschiedenen Stellen auftretende Wassereinbrüche erschwerten wohl die Arbeiten bedeutend, doch zeigte das Gebirge keine ausgesprochene Neigung zum Schwimmendwerden [32].

5. Schwimmendes Gebirge.

Als zweites, weitaus weniger harmloses Beispiel eines Tunnelvortriebes im Ton sei unter der Fülle der Fälle, die das Schrifttum über Tunnelbauten im schwimmenden Gebirge verzeichnet, der Hochstraßtunnel der Linie Friedberg—Pinkafeld in der Oststeiermark erwähnt.

Die jungtertiären Tegel mußten zunächst beim Vortrieb sogar geschossen werden. Im weiteren Verlauf der Arbeiten wurden verschiedentlich wasserführende Schotter- und Schwimmsandschichten angefahren, die wiederholt den Stollen vermurten und den Tegel derart erweichten, daß der Vortrieb bald in dem völlig plastischen, schwimmenden Gebirge steckenblieb.

Trotz geringer Überlagerung, die nur wenig über 30 m betrug, brachen in dem verflüssigten Tegel Kappen, Steher, Sohlschwellen unter allseitigem Druck. Es kam im weiteren Verlauf sogar zu einem Tagbruch. Man versuchte dann, den normalen bergmännischen Vortrieb durch einen Schild zu ersetzen, der aber auch zu keinem Erfolg führte. Ständiger Wasserzutritt und immer erneute Einbrüche verflüssigten das Gebirge in zunehmendem Maße. Die Lage begann äußerst schwierig zu werden. Es gelang dann endlich durch Herstellen einiger Ringe im Schachtbau vom Tage aus die schwierigste Stelle zu überwinden und im weiteren Verlauf das Bauwerk unter Zuhilfenahme einer besonderen Baumethode, ähnlich jener, die bei der schwersten Druckstrecke im Simplontunnel angewendet wurde, fertigzustellen (siehe auch unten). Der gemauerte Tunnel wurde später nicht mehr verdrückt [13].

Das Beispiel wurde deshalb gewählt, weil es den Kampf des Ingenieurs mit der gefürchteten hydrostatischen Druckwirkung im schwimmenden Gebirge zeigt und außerdem die Verwandlung eines Schußgebirges in den flüssigen Zustand schildert.

Als Wirkung des Schweredruckes mit jedenfalls untergeordneter Beteiligung der elastischen Ausdehnung bildet dieses Beispiel einen Übergang zum Auflockerungsdruck.

C. Tunnelbau- und Betriebsweisen bei echtem Gebirgsdruck.

Während bei Auflockerungsdruck s t e t s jene Tunnelbau- und Betriebsweise als die geeignetste zu bezeichnen ist, welche den schnell und mit geringsten Setzungen geöffneten Querschnitt möglichst rasch wieder durch einen unzusammendrückbaren, endgültigen Einbau schließt, steht man im Falle echten Gebirgsdruckes vor ungleich schwierigeren Aufgaben. Zunächst ist es notwendig festzustellen, in welche der obgenannten Gesteinsgruppen die einzelnen Abschnitte des Tunnels einzureihen sind und welche Art von Gebirgsdruck angetroffen wurde. Ist man sich hierüber klar, so kann man erst die anzuwendende Bau- und Betriebsweise wählen. Dabei wird man durch das Verhalten f e s t e n, p s e u d o f e s t e n, oder m i l d e n und s c h w i m m e n d e n Gebirges beim Auftreten echten Gebirgsdruckes und die dabei gemachten Erfahrungen von selbst auf den logisch richtigen Weg zur Lösung dieser drei Grenzfälle geführt:

1. Festes Gebirge.

Bei festem Gebirge in massiger oder bankiger Lagerung zeigt sich echter Gebirgsdruck als Bergschlag. Die Erscheinung ist durch die großen Kräfte, die zu ihrer Entstehung nötig sind, verhältnismäßig selten. Wenn aber derartige Strecken zu durchörtern sind, so ist zwar die Gefahr des Bergschlages während des Baues sehr unangenehm, dagegen ist der Bestand des endgültigen Ausbaues nicht gefährdet.

Es hat sich ja gezeigt, daß in diesem Fall eine verhältnismäßig rasch eingezogene, überall satt an den Berg anschließende Mauerung geringerer Stärke dem Bauwerk dauernden Bestand sichert. Wählt man den Zeitpunkt des Einziehens der Mauerung so, daß zwar schon ein Auflauten des Tunnelumfanges (Schutzzonenbildung) aber noch keine Vergrößerung der Spannweite durch Bergschläge stattgefunden hat, so hat die Mauerung am wenigsten zu tragen und kann daher am schwächsten ausgeführt werden. Aus der Beobachtung des Gebirges bei Vortrieb und Ausweitung ergibt sich die Zeit, die man das Gebirge offen lassen muß und damit in Verbindung mit dem zu erzielenden Fortschritt die Länge der Baustrecke für eine bestimmte Bauweise. Nachträgliche Zerstörungen des Mauerwerks sind in solchen Strecken jedoch nicht bekannt, es ist daher anzunehmen, daß in diesem Falle wie beim Auflockerungsdruck Bauweisen am Platze sind, die ein verhältnismäßig rasches Schließen des Hohlraumes ermöglichen. Damit tritt man auch allfällig gleichzeitig auftretendem Auflockerungsdruck möglichst wirksam entgegen. Hohlraumbildungen hinter dem Mauerwerk (z. B. durch Auflockerung), sind zweifellos gefährlich und müssen durch Injektion mit Zementmörtel, die auch in die aufgelauteten Felspartien eindringen soll, sorgfältig geschlossen werden. Das Mauerwerk muß jedoch überall, besonders aber in der Firste völlig unnachgiebig sein.

2. Pseudofestes und mildes sowie verwittertes Gebirge.

Werden Tone, Tonschiefer, Schiefertone, Mergel, zerdrückte Gneise, Phyllitschiefer usw. ohne oder mit ganz unbedeutendem Wasserandrang angefahren und zeigt sich echter Gebirgsdruck so hat die Erfahrung gelehrt, daß in diesem Falle die alte Regel, den Hohlraum so schnell als möglich zu schließen, mit Sicherheit zur Zerstörung des endgültigen Einbaues führt. Die Zerstörung beginnt bereits während der Ausführung der Mauerung und wird dann durch den Fortgang der Bewegungen vollendet.

Auch beim vorläufigen Ausbau ist es zwecklos den Versuch zu machen, dem Gebirgsdruck durch steife, schwere Konstruktionen zu begegnen, da diese alle unweigerlich zerdrückt werden würden. Die Kräfte, die bei der Gefügeauflockerung entstehen sind so groß, daß sie nur durch gleichartige Mittel bekämpft werden können. Derartige Mittel besitzen wir aber nicht, daher müssen wir es der Natur überlassen, uns zu helfen, was sie glücklicherweise durch die Bildung der Schutzzone tut. Hiezu ist Raum und Zeit nötig.

Wieviel Raum man dem Gebirge zur Ausdehnung lassen muß und welche Zeit hiezu nötig ist, hängt zweifellos von der Gebirgsart, der Art und Richtung der Lagerung, der Gefügeform, dem Wassergehalt und den angreifenden Kräften ab. Es sind darüber jedoch noch viel zu wenig Erfahrungen vorhanden, um Regeln aufstellen zu können.

Zweifellos ist jedoch der vorübergehende Ausbau so zu wählen, daß er leicht ausgewechselt werden kann. Dem zumeist heftiger auftretenden Seitendruck durch Hereinwachsen des Gebirges in den Hohlraum begegnet man am wirksamsten durch ständiges Nachnehmen der unverzimmerten Ulmen. Der Versuch, das Hochtreiben der Sohle durch starke Sohlschwellen zu verhindern ist zwecklos und erschwert nur die Gleiserhaltung. Bei manchen Gebirgsarten dieser Gruppe empfiehlt es sich, unter die Steher ganz kurze, kräftige Hölzer in der Tunnellängsrichtung zu verlegen, vielfach kann man auch diese weglassen. Das beste und einfachste Mittel gegen das Auftreiben der Sohle bleibt ebenfalls das Nachnehmen. Wird das Nachreißen und Auswechseln zerdrückter Hölzer so lange fortgesetzt bis die Bewegungen ganz zur Ruhe gekommen sind oder sich wenigstens bis auf ein kleines Maß, d. h. größenordnungsmäßig auf einige Millimeter in der Woche verringert haben und wird dann erst die Mauerung eingezogen, so ist die Wahrscheinlichkeit späterer Zerstörungen äußerst gering. Noch günstiger werden die Aussichten für den dauernden Bestand der Verkleidung, wenn man hiezu ein Material wählt, das auch imstande ist Zugbeanspruchungen aufzunehmen. Das Gegebene für derartige Strecken und auch dem stärksten Quadermauerwerk in jeder Hinsicht überlegen ist daher jedenfalls der Ausbau in Stahlbeton.

Schon den ersten englischen Tunnelingenieuren waren diese Erfahrungen bekannt. Im Boxtunnel der Great Western Railway wurde in der Regel zwischen dem Ton und der Zimmerung ein freier Raum mit einer Weite von 15 cm vorgesehen, um dem Ton Gelegenheit zu geben, sich auszudehnen, doch war dieser Spielraum kaum ausreichend [15]. Terzaghi empfiehlt ebenfalls das Belassen eines Hohlraumes, um dem Gebirge Spielraum zur Ausdehnung zu geben.

Im Bergbau hilft man sich durch nachgiebige Einbauten, von denen bekanntlich eine ganze Reihe von Formen: Holz, Stahl und Stahlbeton mit ausgezeichnetem Erfolg zur Ausführung gelangten. Ein nachgiebiger Holzausbau ist z. B. der erwähnte, beim Apenninentunnel angewendete Holzklotzausbau des Richtstollens (Abb. 40). In Stahl und Eisenbeton baute man Ringe mit vier und mehr Gelenken mit und ohne Quetschholzeinlagen.

Grundsätzlich gibt es drei Wege, den gestellten Forderungen gerecht zu werden.

1. Die erste Möglichkeit liegt im entsprechenden Ausgestalten und Unterhalten der Zimmerung durch längere Zeit, Auswechseln gebrochener Hölzer, Nachnehmen von Ulmen und Sohle, unter Umständen auch der Firste, solange bis der Druck nachgelassen hat. Dieses Vorgehen ist scheinbar zwar sicher, hat aber viele Nachteile. Zunächst bekommt man sehr lange Arbeitsstrecken, da die Zeit bis zur Beruhigung nach Monaten zählen kann. Das Gebirge steht sehr lange auf Holz. Dabei lassen sich schwere Setzungen und damit große Auflockerungsdrücke schwer vermeiden, die aber andererseits, wie oben auseinandergesetzt, bei später noch nachwirkendem Seitendruck Firsthebungen und Zerstörungen der Mauerung zur Folge haben können.

Man muß also eine Bauweise wählen, die bei dem meist vorherrschenden Seitendruck eine seitliche Ausdehnung des Gebirges und ein Aufsteigen der Sohle gestattet, dagegen Auflockerung in der Firste nicht zuläßt. Von diesen Bedingungen sind die ersten beiden leicht zu erfüllen.

Dagegen ist die dritte, die Vermeidung der Firstauflockerung, besonders bei breiten Querschnitten, so gut wie unerfüllbar. Bei ständigen, nach Dezimetern zählenden Bewegungen, denen das ganze System durch Seitenschub und Sohlauftrieb ausgesetzt ist und bei der Nachgiebigkeit des durch Fließbewegungen gestörten und unter Umständen durch Wasser aus der Tunnelsaige erweichten Gebirges, lassen sich Setzungen von mehreren Dezimetern schon während des Ausbruches des Querschnittes nicht vermeiden. Naturgemäß werden diese Firstsetzungen während der auf den Ausbruch folgenden Ausdehnungsperiode nur noch schlechter. Wird das Gebirge bei unnachgiebiger Zimmerung im Laufe der Ausdehnungsperiode in der Firste sehr stark ausgequetscht, so könnten hiedurch die Auflockerungen wieder geschlossen werden und die Gefahr für das endgültige Bauwerk — die Hebung des Gewölbescheitels — wäre beseitigt. Eine Zimmerung, die solchen Kräften gegenüber unnachgiebig wäre gibt es aber nicht. Die Methode des Einschaltens einer Ausdehnungsperiode durch „auf Holz stehen lassen“ wird also in allen jenen Fällen zu Mißerfolgen führen, wo der Seitendruck noch durch längere Zeit nach der Fertigstellung der Mauerung nachwirkt und durch Setzungen Hohlräume über der Firste vorhanden sind.

Man kann jedoch annehmen, daß mit dem völligen oder nahezu völligen Aufhören der Bewegungen die Bildung der Schutzzone nahezu abgeschlossen ist. Die Drücke, die nun noch auftreten, können der Mauerung nur dann gefährlich werden, wenn das Gewölbe nach irgendeiner Richtung hin unschwer ausweichen kann. Dieses Nachgeben läßt sich aber verhindern, wenn man allfällig vorhandene Hohlräume durch tiefe Injektion des Gebirges um den Tunnel, besonders aber im Scheitel, schließt. Wäre damit zwar die grundsätzliche Tauglichkeit der ersten Methode erwiesen, so müssen noch weitere Schwierigkeiten erwähnt werden, die sich bei der Baudurchführung ergeben.

Zunächst kann die fortlaufende Betriebsweise nicht angewendet werden. Nimmt man beispielsweise den Zeitraum der Ausdehnungsperiode nur mit 1 Monat an, so ergibt sich bei einem Baufortschritt von nur 1 m im Tage bereits eine Länge von 60 m voneinander anschließenden, fertig ausgebrochenen Ringen, wozu noch mindestens die doppelte Länge an Arbeitsstrecke für die Ausweitung und Mauerung hinzukommt. Eine derartige Arbeitsstrecke ohne schwere Bedenken zu öffnen, wird man nur in den seltensten Fällen verantworten können; nur bei kleinen Querschnitten und Streichen senkrecht zur Tunnelachse wäre ein solches Vorgehen zu wagen.

Man kommt daher zwangsläufig zur Ringebetriebsweise und damit zur doppelten bis vierfachen Länge der Arbeitsstrecke, da ja nur jeder zweite bis vierte Ring gleichzeitig in Arbeit genommen werden darf und zu einer in organisatorischer Hinsicht äußerst ungünstigen Baustelle, weil man nicht wie bei der fortlaufenden Betriebsweise eine einzige lange, sondern viele getrennte Arbeitsstellen zu versorgen und beaufsichtigen hat. Bei dem gewählten Beispiel würde die Anzahl der in Ausbruch, Mauerung und Erhaltung begriffenen Ringe etwa dreißig betragen.

Von den Querträgerbauweisen kommt weder die Methode von Kunz noch jene von Rziha in Frage, da beide nur als fortlaufende Betriebsweisen einen Sinn haben. Zur Ringbetriebsweise eignet sich auch die ursprüngliche Form der Querträgerbauweise in Holz schlecht, ganz abgesehen davon, daß diese letzte Art viel größere Anforderungen an das Können der Mineure stellt.

Abgesehen von diesen technischen Nachteilen soll auch noch eine Schwierigkeit erwähnt werden, die sich in der Abwicklung des Bauvertrages bei solchen Strecken ergibt. Es liegt ja selbstverständlich im Interesse jeder Unternehmung, einen nach Einheitspreisen abgeschlossenen Bauvertrag so rasch als möglich abzuwickeln. Eine Strecke, bei der man auf das Abklingen der Druckerscheinungen warten muß, stellt natürlich eine empfindliche Störung der laufenden Tunnelarbeiten dar. Eine derartige Wartezeit müßte also besonders vergütet werden. Es laufen ja nicht nur größere Vorhalte- und Personalkosten hiedurch auf, sondern eine solche Strecke benötigt außerdem den doppelten Aufwand an Lohn und Stoffen für die laufende Erhaltung während der Ausdehnungszeit. Die im Tunnelbau erfahrene Unternehmung, die allenfalls auf Grund des geologischen Gutachtens bei Aufstellung ihres Angebotes diesen Vorgang berücksichtigt, wird daher nicht zum Zuge kommen, wenn die Arbeit von seiten der Verwaltung an den Billigeren vergeben wird. Die Mehrkosten solcher Strecken sollten daher billigerweise in Zukunft von den Verwaltungen getragen werden, ferner sollen künftig in den ingenieurgeologischen Gutachten solche Strecken als besonders kritisch bezeichnet und auf die Gefahr echten Gebirgsdruckes hingewiesen werden.

2. Die zweite Möglichkeit besteht im Beschreiten des Weges, den der Bergbau gegangen ist, also in dem bereits erwähnten nachgiebigen Einbau. Man bricht also so rasch als möglich aus und bringt einen nachgiebigen Einbau ein, z. B. einen Viergelenksrahmen mit Quetschhölzern. Ein derartiger Einbau trägt provisorischen Charakter, die endgültige, tragende Verkleidung würde erst nach erfolgter Formänderung durch den Gebirgsdruck ausgeführt. Die Methode hätte den großen Vorteil eines freien, nicht durch Holzeinbauten beengten Arbeitsraumes für die Mauerungs- und Betonierungsarbeiten des eigentlichen Traggewölbes, die dann großzügig mit neuzeitlichen Einrichtungen und unter Verwendung hochwertiger Baustoffe (Stahlbeton) hergestellt werden könnten. Die Bauweise hat aber den großen Nachteil, daß sich eine ungleichmäßige Verformung des Einbaues nicht verhindern läßt. Mit diesem nicht zu vermeidenden Übelstand wird die Verwendbarkeit des nachgiebigen Ausbaues gleichzeitig als tragende, endgültige Hülle des zukünftigen Tunnelgewölbes aus praktischen und ästhetischen Gründen hinfällig.

Man könnte allerdings den nachgiebigen Einbau so stark und mit so großem Überprofil ausführen, daß nach Verdrückungen auch an der am weitesten in das Profil hineinragenden Stelle noch genügend Raum für die endgültige Verkleidung bliebe, die diesfalls ja nicht stark sein müßte, weil ihr ja keine statische, sondern lediglich eine architektonische Wirkung zukommt (s. Abb. 53).

3. Die dritte Möglichkeit wurde meines Wissens bisher weder beschritten noch vorgeschlagen; sie liegt in dem F r e i h a l t e n eines R a u m e s zwischen dem G e b i r g e und der M a u e r u n g, so zwar, daß die Ausdehnung durch Gefügeauflockerung fast ungehindert vorsichgehen kann. Praktisch unterbaut sehe ich diesen Vorschlag durch folgenden Auskleidungsversuch, den man bei einem Gipsbergwerk in Westdeutschland gemacht hat.

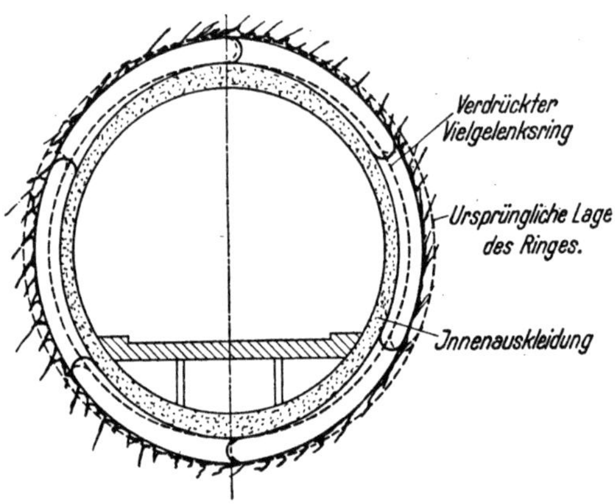

Abb. 53. Auskleidung eines Tunnels in echtem Gebirgsdruck mit nachgiebigem Einbau (Vielgelenksring).

In der Förderstrecke dieses Bergwerkes, die im Gipston lag, waren zwei verschiedene Arten der Verkleidung zur Anwendung gekommen. Bei der ersten wurde der rund 2,50 × 2,80 m betragende Querschnitt in Beton in einer Stärke von 25 cm voll verkleidet, dagegen führte man in der unmittelbar anschließenden Strecke probeweise die Widerlager in aufgelöster Bauweise aus, so zwar, daß man in Abständen von rund 3 m Betonpfeiler stehen ließ, die das Gewölbe trugen. Zwischen diesen Pfeilern stand der Gipston unverkleidet an. Während die erste Art des Ausbaues nach kurzer Zeit durch Abscheren der Gewölbeschenkel unter dem Scheitel zerstört wurde, blieb die zweite Art der Verkleidung noch nach 15 Jahren völlig unversehrt. Der Gipston war an den offengelassenen Stellen mehrere Dezimeter hereingequollen.

Die praktische Durchführung des Vorschlages würde nach der schematischen Skizze, Abb. 54, zu machen sein. Man wählt für den Ausbruch eine bewährte Bauweise, die rasch und möglichst ohne Firstsenkungen den Hohlraum herstellt, der mit einem entsprechenden Überprofil ausgehoben wird. Sodann mauert man das Tunnelgewölbe, wobei der Gewölbekörper in Abständen von 2,0 bis 2,5 m durch etwa 0,5 m starke Rippen mit dem Gebirge verbunden wird. Zwischen den Rippen wird ein Hohlraum frei gelassen. Das Stadium der Gefügeauflockerung gibt dem Gebirge solche Verformbarkeit, daß bei dem weiteren Hereindrängen die Hohlräume zwischen den Rippen ausgefüllt werden. Ist dann die Mauerung einschließlich des Sohlgewölbes fertiggestellt, so wird man noch einige Zeit warten bis die Hauptbewegungen zur Ruhe gekommen sind und wird dann die restlichen Hohlräume durch Einpressen von Beton ausfüllen. Die Feststellung der Bewegungen wird man durch dieselben Rohre vornehmen, die dann zur Ausfüllung der Hohlräume mit Beton dienen.

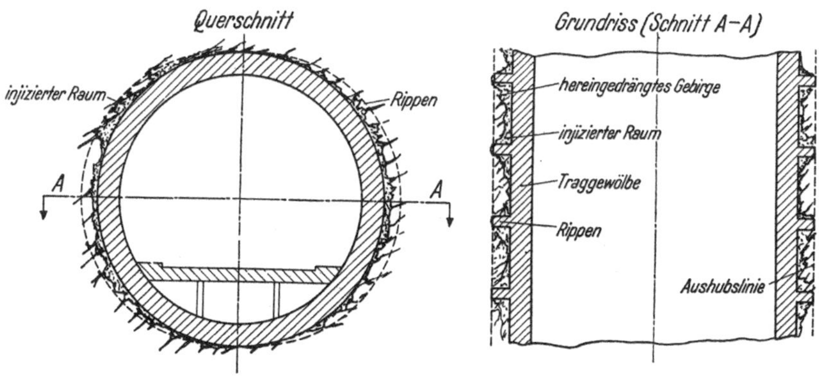

Abb. 54. Auskleidung eines Tunnels in echtem Gebirgsdruck mit Aussparung von Hohlräumen zwischen Mauerung und Gebirge.

Die Voraussetzung für das Gelingen der Methode ist die größenordnungsmäßig einigermaßen richtige Einschätzung der zu belassenden Hohlräume zwischen Gebirge und Mauerung.

Sollte man sich geirrt und den Hohlraum zu klein bemessen haben, so kann es allerdings manchmal Mißerfolge geben. Jedoch ist ein Falschbemessen der Hohlräume bei einwandfrei durchgeführten Beobachtungen am Richtstollen unwahrscheinlich. Außerdem werden Mißerfolge auch dann nur in Ausnahmefällen zu verzeichnen sein, weil es sich höchstens um die Herstellung eines Gleichgewichtszustandes handelt, bei dem das Gebirge durch weitgehend vorgeschrittene Schutzzonenbildung mithelfend herangezogen und die Mauerung nur zusätzlich beansprucht wird. Derartige Beanspruchungen trägt ein Gewölbe dann leichter, wenn ein Nachgeben nirgends erfolgen kann. Die Hinterpressung der restlichen Hohlräume nach erfolgter Ausdehnung des Gebirges ist also als eine Maßnahme von nicht zu unterschätzender statischer Bedeutung anzusehen. Auch für die Spannungsverteilung zwischen dem Mauerwerk und der Schutzzone ist es von Vorteil, wenn die Einpressung Risse und Spalten des Gebirges im Bereiche der größten Auflockerung schließt und so die Zone zur Aufnahme größerer Druckkräfte befähigt. Im Mauerwerk selbst wird naturgemäß durch die volle Wirkung des passiven Gebirgsdruckes eine bessere Druckverteilung erreicht, da die Stützlinie näher an die Gewölbeachse rückt (Abb. 55).

Daß bei schlechten Abbaumethoden allfällig gleichzeitig auftretender Auflockerungsdruck die Mauerung schädigt, ist ausgeschlossen, weil auch bedeutende Auflockerungsdrücke, die dem vorläufigen Einbau schon größte Schwierigkeiten bereiten, noch mühelos

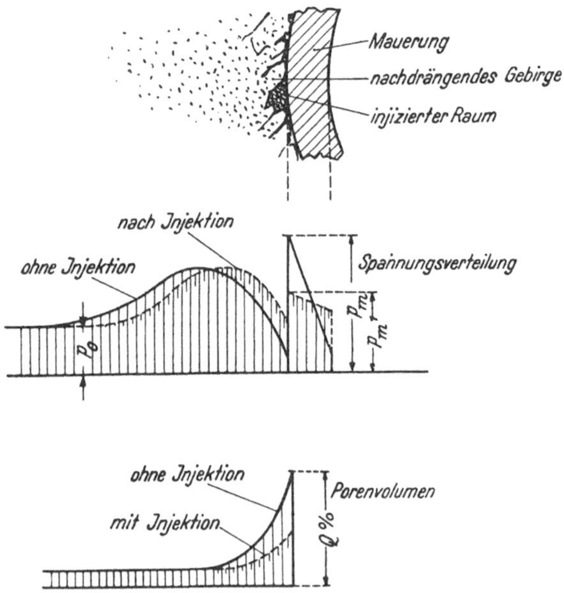

Abb. 55. Schematische Darstellung der Spannungsverteilung in der Mauerung und im anschließenden Gebirgskörper ohne und mit Injektion, sowie des Porenvolumens im plastischen Gebirgskörper.

durch verhältnismäßig schmale Rippen passiv auf das Gebirge übertragen werden.

Die geschilderte Ausbaumethode ist die gegebene für Strecken echten Gebirgsdruckes, dagegen kann man mit vollem Fug und Recht sagen, daß für die Durchörterung solcher Strecken keine der heute im Tunnelbau verwendeten Bauweisen auch nur eine einigermaßen sichere Gewähr für den dauernden Bestand des Bauwerkes bietet. Dies beweisen die Wiederherstellungshundertsätze für durch echten Gebirgsdruck vernichtete Tunnelstrecken, die zwar, gemessen an der gesamt hergestellten Tunnellänge eines Verkehrsweges vielleicht klein erscheinen, verglichen mit den eigentlichen Gefahrenzonen aber doch recht b e d e u t e n d sind. So mußten, um einige Beispiele zu nennen, von der

Mauerung der Druckstrecke des Karawankentunnels 29 v. H., beim Apenninentunnel 42 v. H. und von den Tonmergelstrecken der Transiranischen Nord-Eisenbahn 15 v. H. erneuert werden. Zahlen, die für sich sprechen und zeigen, daß es wohl an der Zeit ist, die bisherigen, höchst unwissenschaftlichen Methoden durch bessere, zielbewußtere zu ersetzen und durch systematische Beobachtungen und Messungen bei sämtlichen in der Zukunft auszuführenden Bauten Erkenntnisse zu erringen, die als Grundlage eines Fortschrittes unumgänglich notwendig sind.

3. Schwimmendes Gebirge.

Bei schwimmendem Gebirge oder bei geologischen Verhältnissen, die ein Schwimmendwerden in Kürze befürchten lassen, ergibt sich aus der Natur der Dinge von selbst ein ganz anderer Arbeitsvorgang. Die oben für mildes Gebirge angegebenen drei Baumethoden lassen sich nicht durchführen, weil der Zustand des Ausbruchsmaterials dies nicht gestattet. Bei längerem Stehenlassen erzeugt unvermeidlicher Stoffverlust die Bildung von Hohlräumen, die sofort von rückwärts wieder ausgefüllt werden. Hierdurch entsteht fortschreitende Verflüssigung und damit so starker, allseitiger Gebirgsdruck, daß auch die stärkste Zimmerung nicht mehr ausreicht und der Ring zu Bruch gehen muß. Das Belassen von Hohlräumen ist aus den gleichen Gründen unmöglich. Sollte aber doch der augenblickliche Zustand beim Öffnen solches gestatten und tritt nach kurzer Zeit Schwimmen ein, so bedeuten die Hohlräume eine große Gefahr.

Die künstliche Schaffung einer Ausdehnungsmöglichkeit ist aber in diesem Falle gar nicht nötig, weil beim Vortrieb durch Verlust an Gebirgssubstanz von selbst genügend Auflockerung geschaffen wird, sei es dadurch, daß das Wasser Feinteilchen abführt oder beim Vortrieb Einbrüche geschehen oder daß flüssiges Gebirge durch die Zimmerung durchgequetscht wird. Ein Platzmangel für die notwendige Gefügeauflockerung ist also nicht zu befürchten.

Bei schwimmendem Gebirge gibt es daher keine Wahl. Man muß *sofort* den geschaffenen Hohlraum durch einen *unzusammendrückbaren Mauerungskörper* schließen.

Besonders schwierig ist die Durchörterung schwimmenden oder zum Schwimmen neigenden Gebirges, wenn in seiner nächsten Umgebung geschossen werden muß. Die durch das Schießen hervorgerufenen Erschütterungen führen zur Verflüssigung wassergesättigter Bodenarten und damit zur Zerstörung von Zimmerung und endgültigem Ausbau. Ein Beispiel dafür waren u. a. die Druck- und Zerstörungserscheinungen, die bei Kilometer 035 des Nordportales des Tauerntunnels am Übergang von der Fels- zur Alluvialstrecke auftraten (8).

In sehr kritischen Fällen ist der allseitige Gebirgsdruck so groß, daß das Schließen des Tunnelgewölbes — das ja erst dann tragen kann, wenn es als Ring vollendet ist — unmöglich wird. Man greift dann mit bestem Erfolg zu der verschiedentlich angewendeten und nachstehend skizzierten Methode der *Ausführung* verlorenen Mauerwerks: Von einem auf ein kurzes Stück vorgetriebenen und möglichst verstärkten Sohlstollen werden Querschläge in Breiten von rund 3 m vorgetrieben, die bis zur Widerlagerhinterkante und Sohlgewölbeunterkante reichen. Sodann wird das Sohlgewölbe und die Widerlager gemauert und der verbliebene Hohlraum im Querschlag mit Mörtelfüllmauerwerk oder Magerbeton mit Steinbeilagen bis an den Stollenlichtraum ausgefüllt. Der so hergestellte unnachgiebige untere Teil des Tunnels gestattet dann die Ausführung des Firstgewölbes ohne allzugroße Schwierigkeiten. Nach völliger Schließung des Ringes und einer gewissen Wartezeit bis zum Eintreten von Gleichgewichtsverhältnissen im Gebirge wird das Füllmauerwerk entfernt. An Stelle des vollen Füllmauerwerkes können auch Betonwände ausgeführt werden [31, 13].

Die beschriebene Bauweise führt zwar ziemlich sicher zum Ziel, hat aber den Nachteil, sehr langsam zu sein; sie kommt daher nur für kurze Strecken in Frage. Hat man aber lange Strecken in schwerem, schwimmendem Gebirge zu durchörtern, das mit normalen, bergmännischen Methoden nicht bewältigt werden kann, so wird man den größeren Aufwand nicht scheuen und zum Druckschild greifen müssen.

Wenn für eine Gebirgsart die stets ausgezeichnete Ausführung des endgültigen Ausbaues in Eisenbeton anempfohlen werden kann, so ist es für das schwimmende Gebirge. Immerhin wird sich bei dieser unangenehmsten Form des Gebirgsdruckes auch bei größter Vorsicht ein geringer Hundertsatz von Mißerfolgen nicht vermeiden lassen.

D. Beobachtungen und Messungen zur Feststellung der Art und Größe des Gebirgsdruckes.

Den ersten Anhaltspunkt über die zu erwartenden Druckerscheinungen bietet die geologische Vorhersage, wobei es sehr wünschenswert wäre, daß die Ingenieurgeologen dem Gebirgsdruck und seinen Formen eine gesteigerte Bedeutung beimessen. Die Güte der geologischen Vorhersage liegt bekanntlich nicht ganz in der Hand des Geologen. So sicher und genau örtliche Lagen der Schichtfolgen in der Tunnelebene bei steilem Einfallen der Schichten und Streichen angenähert senkrecht zur Achse angegeben werden können, so schwierig und unsicher werden diese Angaben bei schleifendem Schnitt der Achse mit dem Schichtstreichen. Bohrungen verbessern die Genauigkeit, sind aber bei größeren Überlagerungen teuer und zeitraubend.

Den zweiten und wichtigsten Aufschluß hat man dann im vorauseilenden Richtstollen. Es ist stets im Interesse der Tunnelarbeiten, einen Richtstollen möglichst weit voreilen zu lassen, an dem die nötigen Beobachtungen gemacht werden können, die die Grundlage für die Wahl der Tunnelbau- und Betriebsweise und der Verkleidungsstärke bilden.

Das Vorauseilen ergibt sich meist von selbst schon dadurch, daß man die Stollenarbeiten sofort nach Bauübertragung mit einigen fahrbaren Kompressoren beginnt und die Vollausbruchsarbeiten erst dann angefangen werden, wenn die ortsfesten Anlagen fertiggestellt sind, wozu man immerhin einige Monate benötigt. So wird ein Mindestmaß an Voreilen von 400 bis 500 m gewonnen. Besser ist es, den Richtstollen schon vor der Vergebung der Gesamtarbeiten auffahren zu lassen, man gibt damit den Angeboten der Unternehmungen bessere Grundlagen und gewinnt den Vorteil längerer Beobachtungsmöglichkeit im weiter voreilenden Richtstollen. Wurde vor der Vergebung etwa 1 km Richtstollen vorgetrieben, so hat man zwischen dem beginnenden Vollausbruch und dem Stollenort eine Strecke von 1400 bis 1500 m, also 1 Jahr Beobachtungszeit.

Eine Lockerung des Gebirges in dieser Zeit kann nur in Strecken, die zum Schwimmen neigen, gefährlich werden, man müßte solche Teile sofort zu. B. mit einer dichten Formsteinauskleidung versehen, die dann später wieder entfernt wird.

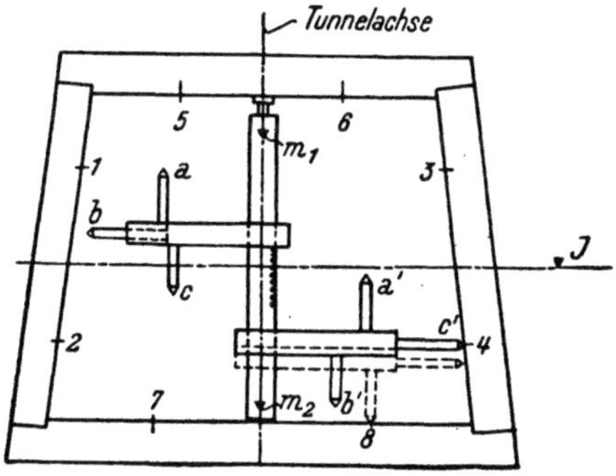

Abb. 56. Beobachtungsgespärre im Richtstollen mit Meßvorrichtung.

Im Stollen selbst schafft man sich **Beobachtungspunkte**, deren **absolute** Lage in Abständen regelmäßig kontrolliert werden muß. Am besten baut man etwa alle 20 m Beobachtungsgespärre ein, an denen man Nägel, 1 bis 8, anbringt, deren Kopf eingemessen wird (Abb. 56). Augenfällig verdrückte Gespärre werden zur Hebung des Verständnisses der Bewegung zusätzlich skizziert. Die Messungen werden alle 2 Wochen bei Schichtwechsel gemacht. In Strecken, die man als ruhig erkannt hat, genügt es alle 1 bis 2 Monate zu messen. Kritischere Strecken müssen öfter beobachtet werden.

Um die zeitraubenden Messungen zu beschleunigen, wird man eine Meßvorrichtung konstruieren wie sie z. B. von König, Wien, entworfen wurde (s. Abb. 56). Eine vertikale Latte, die eine Vorrichtung zur seitlichen Grob- und Feinverstellung trägt, wird etwa in der Stollenachse aufgestellt und verspannt. Dann stellt man das seitlich verschiebbare vertikale Lattenbrett mit Grob- und Feinverstellung genau ein, so daß die vom Instrument anzuvisierenden Marken m_1 oben und m_2 unten in der Tunnelachse liegen. Hierauf wird vom Instrument die Höhe J abgelesen. Beim Beobachtungsgespärre mißt man nun die Punkte 1 bis 8 mittels des horizontal und vertikal verstellbaren Schiebers a b c und a′ b′ c′ ein und erhält dann durch Rechnung ihre absolute Lage zur Tunnelachse. Dabei können die Ablesungen auf der linken und rechten Seite gleichzeitig von verschiedenen Personen durchgeführt werden, wodurch Zeit gespart wird. Jedes Gespärre erfordert somit, nachdem man die Achse eingestellt hat, eine Instrumentenablesung und 16 Ablesungen am Beobachtungsgerät.

Die Beobachtungen werden dann ausgewertet und in Form von Schaulinien aufgetragen, aus welchen die absoluten Bewegungen im vertikalen und horizontalen Sinn und auch die Geschwindigkeit der Bewegungen ersichtlich ist. Man erhält dann Kurven wie sie Abb. 57 zeigt. Besonders gefährlich sind Gebirgsarten, die eine sehr geringe Formänderungsgeschwindigkeit aufweisen, die aber nicht abklingt, sondern ständig durch Jahre bestehen bleibt (s. das Beispiel S. 47). Erfreulicherweise gehören solche Fälle zu den seltenen Ausnahmen.

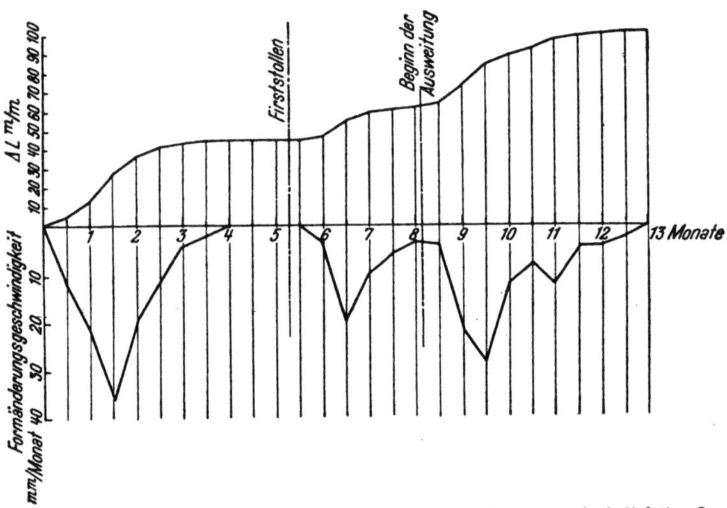

Abb. 57. Schaulinien der Punktbewegungen und der Formänderungsgeschwindigkeit. Ort der Messung: Sohlstollen km 1,2342 Punkt 2, Bewegung horizontal.

Gleichzeitig müssen naturgemäß, wie dies immer geschieht oder geschehen soll, die geologischen Verhältnisse des Stollens genau verzeichnet werden. Außerdem müssen ständig ungestörte Bodenproben gewonnen und in dem bodenmechanischen Laboratorium beim Tunneleingang untersucht und ausgewertet werden. In der nächstgelegenen Versuchsanstalt wären Festigkeitsproben der angefahrenen Gesteine zu machen, wobei Dauerbelastungen und langsame Belastungssteigerungen anzuwenden sind, die den Verhältnissen der Natur näherkommen und andere Formänderungen zur Folge haben.

Es muß so versucht werden für jede Gesteinsart zu erhalten: Als Grundwerte für den elastischen Bereich: Den Elastizitätsmodul in Abhängigkeit von der Belastung, Elastizitätsgrenze, Druck-, Zug- und Scherfestigkeit, das Verhältnis der Längs- zur Querdehnung, Formänderungsgeschwindigkeit; und für den plastischen Bereich: das Maß der Gefügeauflockerung als Funktion des

Dauerdruckes, die Formänderungsgeschwindigkeit, die Abnahme der Kohäsion als Funktion der Formänderungsgeschwindigkeit einerseits und der Auflockerung andererseits.

Der für die Druckbildung so außerordentlich interessante Bereich der Gefügeauflockerung müßte sich durch eine vorsichtige Kernbohrung und Feststellung des Raumgewichtes der verschiedenen Teile des erbohrten Kernes ermitteln lassen. Auch eine Änderung der Textur (Druckschieferung) müßte an den Kernbohrproben feststellbar sein. Die gleichen Bewegungsbeobachtungen wie im Sohlstollen wird man dann ebenso an einigen Punkten der Ausweitung vornehmen, die natürlich im selben Querschnitt wie die Beobachtungsgespärre des Sohlstollens liegen müssen. Endlich wird an der Mauerung eine Reihe von Punkten in Form eiserner Dübel angebracht und auch diese systematisch durch Jahre beobachtet.

Außer diesen Formänderungsmessungen sind auch Gebirgsdruckmessungen im Stollen und bei der Ausweitung durchführbar.

Auf Grund dieser Messungen und Beobachtungen im Stollen kann die Art der Druckvorgänge klar entschieden werden und die entsprechende Wahl der geeigneten Bau- und Betriebsweise wie auch der Form und Stärke der Verkleidung erfolgen.

Wenn einmal eine entsprechende Anzahl der angeführten Einzelbeobachtungen und Ermittlungen vorliegt, wird es uns auch möglich sein, das Problem der Gebirgsfestigkeit verschiedener Gesteine unter gewissen geologischen Bedingungen der Lösung näher zu bringen.

Die Schwierigkeiten rein versuchstechnischer Art, welche sich der Ermittlung der erwähnten Werte für die verschiedenen Gesteinsarten entgegenstellen, sind mir voll bewußt, ebenso die Unzuverlässigkeit der Übertragung der Versuchsergebnisse auf die Verhältnisse der Natur, gerade mit Rücksicht auf die Tatsache, daß die makroskopisch-geologischen Vorgänge im kleinen meist nicht vollständig erfaßt werden können. Trotzdem ist dies der einzige Weg, der uns dem Ziele näherbringen kann. Es wird so im Laufe von Jahrzehnten ein Beobachtungsmaterial entstehen, das die wissenschaftliche Grundlage für den Tunnelbau bilden wird.

E. Gesichtspunkte für die Wahl der Form und Stärke des endgültigen Ausbaues.

Die Versuche, den Gebirgsdruck rechnerisch zu erfassen, reichen über ein halbes Jahrhundert zurück. Ritter, Engesser, Gröger, Forchheimer, Bierbaumer und Kommerell haben die Lösung der Gebirgsdruckfrage in der klassischen Erddrucktheorie gesucht. Die theoretischen Überlegungen beruhen auf der Erfahrung, daß sich das Gebirge bei Nachgeben der Zimmerung in sich selbst verspannt und lediglich ein losgelöster Gebirgskörper von bestimmter Form die Firste belastet. Auf dem Gebiete der Verspannung von kohäsionslosem Schüttgut in sich und der dabei auftretenden Drücke wurden inzwischen durch die eingangs erwähnten Versuche Kienzls und Fiebingers sowie bei Versuchen mit Silozellen zusätzlich weitere Erkenntnisse erworben, so daß diese Frage theoretisch als der Lösung nahestehend bezeichnet werden kann. Leider gelten alle auf dieser Basis aufgestellten Überlegungen selbstverständlich nur für den Auflockerungsdruck und weiterhin nur für kohäsionsloses, homogenes Gebirge. Sie treffen um so weniger zu, je mehr Kohäsion das Gebirge besitzt und je geringer seine Homogenität ist. Diese Einschränkung ist wenig erfreulich, denn der eigentliche praktische Anwendungsbereich sinkt damit leider auf wenige Hundertteile der Gesamtheit der Fälle herunter.

Nach der in manchen Lehrbüchern wegen ihrer Einfachheit angeführten Berechnungsmethode Kommerells wird die Höhe $h = \frac{s}{\alpha}$ des aufgelockerten Körpers elliptischer Form aus der Firstsenkung s und dem Maß der bleibenden Auflockerung α bestimmt. Die Methode befriedigt jedoch in keiner Weise. Schon über dem α schwebt ein großes Fragezeichen: Die vom Erdbau übernommenen Werte für α könnten jedenfalls höchstens für das kohäsionslose Gebirge angewendet werden; für Bodenarten mit Kohäsion oder Fels in seiner verschiedenen Lagerung und Klüftung sind sie dagegen keineswegs zutreffend, denn wir haben es mit keinem Schüttgut im Sinne des Erdbaues zu tun.

Ferner ist der Firstdruck, wie eingangs dargelegt wurde, keine lineare Funktion der Firstsenkung, wie dies Kommerell darstellt, sondern er nähert sich vielmehr bald asymptotisch dem Maximaldruck.

Außerdem ist leider die Ermittlung der Firstsenkung praktisch nur mit großer Unsicherheit möglich, denn die Firstsenkung ist in der Praxis von vielen Faktoren, wie Güte der Minierung und der Zimmerung, Nachgiebigkeit des Untergrundes usw. abhängig. Beispielsweise stimmt die Firstsenkung gerade bei kohäsionslosem Gebirge, bei dem man ja noch das meiste Zutrauen zu dem α-Wert haben könnte, bei normaler Zimmerung in Holz nie auch nur angenähert, da auch die besten Mineure in diesem Falle nicht ohne „Kamin" arbeiten werden. Die auf diese Weise durch unfreiwillige Aderlässe der Gebirgssubstanz geschaffenen Hohlräume betragen meist ein Vielfaches der Firstsenkung. Ein Fall aus der Praxis des Verfassers soll die Problematik dieser Berechnungsmethode beleuchten: Bei einem Stollenbau in Nordtirol in kohäsionslosem Gebirge (ungebundener Moräne) betrug die Firstsenkung kaum einige Zentimeter, dagegen war das Gebirge trotz vorsichtigen Arbeitens durch immer neues, in kurzen Abständen erfolgtes Hereinfließen von Sand und feinem Kies so aufgelockert, daß sich die Achse des Stollens nach einigen Monaten als fortlaufende Pinge bis zu Überlagerungshöhen von 30 m über Tag abzeichnete. Die Firstdrücke, die dabei auftraten, waren jedoch gering. Kaum daß die Keile an einigen wenigen Stellen leichte Pressungserscheinungen und manche der 20 cm starken Steher die ersten Anzeichen von Einbeißen in die Kappen zeigten. Das Holz war überdies frisch geschlägert und naß. Die Belastung der Steher kann bei den beschriebenen Erscheinungen höchstens mit 30 kg/cm² angenommen werden. Der Firstdruck des in der Firste 2,8 m breiten Stollens würde demnach etwa 19 t/m² betragen haben. Das h der Kommerellschen Druckellipse wäre hiefür 4,8 m. Die geschaffenen Hohlräume, gerechnet aus der Pingenbildung und Auflockerung einerseits und aus der Menge des herausgeförderten Materials andererseits hätten jedoch einer Firstsenkung von 50 bis 70 cm entsprochen. Aus der Tabelle der Hütte, die Kommerell anführt, hätte sich auf der Basis eines $\alpha = 0{,}02$ ein h von 25 bis 35 m und ein Firstdruck von 99 bis 138 t ergeben, das wäre also praktisch die ganze Höhe der Überlagerung und das Fünf- bis Siebenfache des tatsächlich auf dem Stollen lastenden Druckes. Dagegen stimmt der beobachtete Wert sowohl mit der Berechnungsmethode Bierbaumer-Oerley[36] wie auch mit dem nach Fiebinger entwickelten Maximaldruck sehr gut überein, wie überhaupt der geschilderte Tagbruch durch Gebirgssubstanzverlust bei kohäsionslosem Gebirge dem Vorgang bei der Siloentleerung völlig gleichkommt. Wenn sich die für kohäsionslose Lockermassen gefundenen Gesetze auf andere Gebirgsarten übertragen ließen, so wäre das Problem des Auflockerungsdruckes der Lösung sehr nahe. Leider ist dies aber nicht der Fall. Bei bindigen Böden und bei Fels liegen die Verhältnisse viel unklarer. Bei Fels z. B. hängt ein Auflockern weitgehend von der Möglichkeit der Entlastungsgewölbebildung, also von der Art und Richtung seiner Klüftung und Schichtung ab. Bei saigerer Lagerung und Schichtstreichen parallel zur Achse können in ungünstigen Fällen manchmal gewaltige Schichtpakete absitzen, ohne nennenswerte Auflockerung zu zeigen.

Eine Berechnung des Gebirgsdruckes auf der Basis der Firstsenkung und der Auflockerungsziffern des Erdbaues ist daher stets mehr oder minder fehlerhaft, wobei der Fehler um so kleiner sein wird, je kleiner s im Verhältnis zu $h_{max} = \frac{b}{2 \sin \varphi}$ und je kleiner s im Vergleich zur Querschnittsbreite ist. Eine wissenschaftlich richtige und praktisch verwertbare Behandlung der Frage des Auflockerungsdruckes für andere als kohäsionslose Bodenarten steht noch aus.

Einen praktisch durchaus brauchbaren Vorschlag hat dagegen Bierbaumer gemacht. Er rechnet den Firstdruck aus dem Einbeißen der Zentralstreben in die Hauptschwelle und erhält damit Ergebnisse, die größenordnungsmäßig verwendbar sind. Die Fehlerquellen sind verglichen mit der Firstsenkungsmethode unvergleichlich geringer. Bierbaumer mißt eigentlich den Firstdruck mit einer rohen Meßmethode. Im allgemeinen wurde bisher die Tunnelmauerung zweifellos dort stark überdimensioniert, wo nur reiner Auflockerungsdruck vorhanden war. Der Grund dafür liegt in der mangelnden Klarheit im Erkennen der druckauslösenden Ursachen. Es wurden vielfach Fälle echten Gebirgsdruckes mit Auflockerungsdruck verwechselt und die schlechte Erfahrung in der Dimensionierung des Mauerwerks für den echten Gebirgsdruck auf Zonen mit Auflockerungsdruck angewendet.

Viel schwieriger als das Problem des Auflockerungsdruckes ist dagegen die theoretische Erfassung des echten Gebirgsdruckes. Daß hiefür die Erddrucktheorie nicht anwendbar ist, wurde zur Genüge dargelegt, abgesehen davon, daß Wiesmann dies bereits vor einigen Jahrzehnten erkannt hat.

Die mathematische Lösung ist durch die Arbeiten von Schmid, Terzaghi und Lenk sehr weit gediehen, dagegen stehen der praktischen Auswertung dieser Ergebnisse leider noch große Hindernisse entgegen [17, 18, 19, 20, 21, 23, 24, 27]. Die Schwierigkeiten, die in der richtigen Erfassung der Werte von E, m usw. bestehen, werden um so größer, je gebrächer die Gesteine werden. Aber leider ist es gerade das milde Gebirge, das den Stand der Tunnelbaukunst durch den hohen Hundertsatz an Mißerfolgen am deutlichsten dokumentiert.

Daß wir hier nicht weiter sind, liegt nicht nur an den zweifellos bedeutenden Schwierigkeiten der Probleme, sondern vor allem daran, daß der Tunnelbau bisher mit Vorliebe in die Hände der bewährten alten Praktiker gelegt wurde, die den Bau wohl schlecht und recht durchgeführt haben, der wissenschaftlichen Forschung aber durchaus ablehnend gegenüberstanden. Es ist daher wohl an der Zeit, wenigstens heute diese Ablehnung fallen zu lassen. Vor allem fehlt es aber an systematischem Beobachtungsmaterial. Es soll daher bei keinem Tunnelbau in der Zukunft verabsäumt werden, wie oben angeregt, zusammen mit genauen geologischen und bodenkundlichen Beobachtungen geregelte Formänderungs- und Druckmessungen vorzunehmen. Haben wir einmal einige tausend Meßergebnisse, wird auch die Brücke zur rechnerischen Lösung gefunden.

Wenn auch die vorgeschlagenen Berechnungsmethoden für die Bemessung des endgültigen Ausbaues derzeit noch keine praktische Auswertung erlauben und man vielfach auf Schätzungen angewiesen ist, so soll dies doch nicht verhindern, daß logische Folgerungen aus den bisherigen Erkenntnissen gezogen werden, die von grundlegendem Einfluß auf die Form und Stärke der Tunnelverkleidung sind.

Ebenso wie sich die Wahl der geeigneten Bau- und Betriebsweise für einen Tunnel nach den geologischen Verhältnissen richten muß, gilt dies naturgemäß um so mehr für die Form und Stärke des endgültigen Ausbaues.

Auch hier ist es wieder notwendig, die einzelnen Fälle nach der Art des Gebirgsdruckes und der des Gebirges zu trennen und darnach grundsätzlich zwei Möglichkeiten zu unterscheiden:

1. Das Gebirge ist von Natur aus so unnachgiebig, daß das Gewölbe, satt angemauert, nicht ausweichen kann, bzw. dieser Zustand durch zusätzliche Maßnahmen erreicht werden kann.

2. Der passive Gebirgsdruck ist nicht mit Sicherheit als voll wirksam anzunehmen, die Verkleidung wird unter Umständen auf Zug beansprucht.

Im Falle 1 kann stets ein leichtes Verkleidungsprofil vorgesehen werden, weil der passive Gebirgsdruck die Stützlinie in die Gewölbeachse zwingt. Im Falle 2 aber muß man ein Druckprofil, das auch unter Umständen Zugbeanspruchungen aufzunehmen hat, wählen. Die Einzelfälle werden nachstehend der besseren Übersichtlichkeit wegen in Tabellenform zusammengefaßt:

Gebirgsart

Form des Gebirgsdruckes	Überlagerung oder tekton. Kraft	Festgesteine		Pseudofeste Gesteine		Tone	Schwimmendes Gebirge	Kohäsionsloses Gebirge
		ungestörte Lagerung	gestört	ungestörte Lagerung	gestört			
		1	2	3	4	5	6	7
		Art des dauernden Ausbaues						
A. Auflockerungsdruck		b	b	b—c, s, ∩	c, s, ∩			c (s), ∩
B Echter Gebirgsdruck	gering	a–b, O	b. O	b—c, s, O	c, s, O			
	groß	b, O	b–c, O	c, s, O				
C. Blähungsdruck		—	—	c, s, O				—

Art der Mauerung:
a ohne Ausmauerung,
b schwaches Verkleidungsprofil,
c Druckprofil, am besten Stahlbeton,
s Sohlgewölbe, (s) Sohlgewölbe nicht immer nötig.

Form der Mauerung:
∩ hochgestelltes Oval,
O Kreis.

Haben wir es mit Auflockerungsdruck in festem Gestein in ungestörter oder gestörter Lagerung zu tun, so kann die Gewölbestärke sehr schwach gehalten werden.

Das schon seit vielen Jahren bekannte Mittel der Injektion von Zementmörtel gestattet jeden Zwischenraum zwischen Gewölbe und Gebirge einwandfrei zu beseitigen, ein Ausweichen des Gewölbes kann daher an keiner Stelle stattfinden. Der passive Gebirgsdruck kann somit bis zur Höhe der Gebirgsfestigkeit in Anspruch genommen werden, im Gewölbe können daher nur geringe exzentrische Druckbeanspruchungen entstehen, da die Stützlinie stets in der Nähe der Achse des Gewölbes verläuft. Die Injektion wird man vorteilhaft noch vor der Ausschalung des Gewölbes vornehmen. Dazu kommt noch, daß der durch Schießen zerstörte Fels durch die Injektion wieder zusammengebacken und so über der Mauerung ein zweites Gewölbe gebildet wird, das allein schon den Druck, der über ihm allfällig noch gelöst liegenden, von der Injektion nicht erreichten Massen, aufzunehmen in der Lage wäre. Gewölbedimensionen im Scheitel, die diesen Anforderungen ausreichend entsprechen sind 25 bis 30 cm für Tunnel von 6 m Lichtweite und 35 bis 40 cm für solche bis zu 10 m Lichtweite. Hier ist durch Festkleben am Alten viel gesündigt worden. Millionen von Arbeitsstunden wurden zwecklos verwendet und viele Tausende von Kubikmetern Mauerung umsonst eingebaut.

Selbst bei pseudofestem Gestein kann an einwandfrei trockenen Strecken, die keinen Verlust an Gebirgssubstanz durch Wassereinwirkung befürchten lassen, ebenfalls ein leichtes Verkleidungsprofil mit Hinterspritzung vorgesehen werden, es ist aber dann jedenfalls angezeigt, die Tunnelröhre mit einem Sohlgewölbe allseitig dicht gegen das Gebirge abzuschließen, um allfällige Beeinflussungen des Gesteins durch Sickerwasser aus der Tunneldohle auszuschließen.

Hat man kohäsionsloses Gebirge z. B. ungebundene Moränen oder Flußablagerungen, so erleichtert man sich den Vortrieb wesentlich durch Versteinerung des Gebirges mittels Injektion von Zementmörtel oder durch das ausgezeichnete chemische Verfestigungsverfahren nach Joosten, das im Tunnelbau viel zu wenig angewendet wird. Nach der Verfestigung hat man es nicht mehr mit kohäsionslosem Gebirge zu tun, sondern mit einem Festgestein und kann demgemäß schwache Mauerungsquerschnitte wählen. Wurde aber in unverfestigtem Gebirge vorgegangen, so ist es zweckmäßig, stärkere Typen zu verwenden, schon deshalb, weil es in diesem Falle meist nicht gelingt, die Vorsteckdielen zu entfernen und man früher oder später mit deren Verfaulen rechnen muß. Ein Sohlgewölbe wird nur in Ausnahmefällen bei wenig festgelagerten nassen Böden notwendig sein. Die Entscheidung hierüber kann unter Annahme der ungünstigstenfalls angreifenden Kräfte durch die Rechnung gefällt werden, wobei man zu untersuchen hat, ob der Boden seitlich ausweichen kann (Grundbruch). Stärkere Mauerung verlangen auch die Gebirgsarten 4 und 5.

Die geeignete Form für den Auflockerungsdruck ist stets das hochgestellte Eiprofil, wenn man von seltenen Fällen absieht, bei denen stark unsymmetrischer Druck ein Schiefstellen des Eiprofiles erheischt.

Eine Ausnahme von dieser Regel bildet das schwimmende Gebirge, bei welchem wegen der Ähnlichkeit mit hydrostatischen Druckzuständen ein der Kreisform möglichst angeglichenes Profil angezeigt ist. Außerdem ist bei schwimmendem Gebirge unbedingt ein Querschnitt vorzusehen, der Zug- und Druckbeanspruchungen aufnehmen kann.

Bei echtem Gebirgsdruck hat uns die Erfahrung gelehrt, daß Festgesteine in ungestörter oder gestörter Lagerung in günstigen Fällen keiner und wenn, nur geringer Mauerungsstärken bedürfen, um im Gleichgewicht zu bleiben. Beim Simplontunnel hat bei einer Überlagerung von 2000 m eine Mauerung von 45 cm im Scheitel genügt. Je einwandfreier es gelingt, die Hohlräume zwischen Gebirge und Mauerung durch Injektion zu schließen und gleichzeitig auch die von Rissen und feinen Spalten durchsetzte Entspannungszone wieder zu verfestigen, um so geringer kann die Stärke der Mauerung gewählt werden.

Bei *pseudofestem Gebirge* ist die Aufgabe viel schwieriger, da auch nur die größenordnungsmäßige Ermittlung der Kräfte durch die Unsicherheit der zu treffenden Annahmen derzeit noch auf zu große Hindernisse stößt.

Wir sind also lediglich auf die Erfahrungen angewiesen, und müssen uns darauf beschränken, bei den einzelnen Mißerfolgen die Ursachen festzustellen, um die erkannten Fehler in Zukunft vermeiden zu können. Einer der Grundfehler ist hier z. B. die völlig falsche auf Firstdruck abgestimmte Formgebung des Querschnittes, in diesem Falle als hochgestellte Eiform mit der geringsten Gewölbestärke im Scheitel. Diese Form wäre bei der Durchörterung solcher Strecken nur dann am Platze, wenn das Gewölbe imstande wäre, die Funktion der Schutzzone zu ersetzen, also den Gebirgsdruck unmittelbar aufzunehmen. Keineswegs entspricht sie aber dem sekundären Kräftebild, bei dem die Hauptdruckrichtung in den meisten Fällen horizontal ist. Diesem Kräftebild entspricht folgerichtig als Verkleidungsquerschnitt ein liegendes Oval mit schwächeren Abmessungen an den Ulmen. Da nun aber an manchen Stellen tektonische Kräfte mit anderen Kraftrichtungen das Bild verschieben werden und man wohl ungern die Achse des Mauerungsovales jeweils verdrehen wird, ist für diesen Fall zumindest ein *Kreisquerschnitt* mit überall *gleicher Mauerungsstärke* zu wählen. Daß man noch nicht dazu übergegangen ist in Strecken echten Gebirgsdruckes pseudofesten Gebirges derartige Querschnitte auszuführen, ist teilweise mangelnder Erkenntnis der Druckursachen zuzuschreiben, teils aber auch dem Festhalten am Überlieferten.

Die gleichen Überlegungen gelten natürlich auch für Strecken bei *Blähungsdruck*. Auch dort ist der überall gleichstarke *Kreisquerschnitt* die einzig richtige Form.

Den manchmal wechselnden Druckrichtungen beim echten Gebirgsdruck entspricht kein Baustoff so gut wie der Stahlbeton, wobei man den Kreisquerschnitt überall mit gleicher Zug- und Druckbewehrung versehen wird [33]. Allerdings ist manchmal der außerordentlich starke Holzeinbau der Ausführung des Stahlbetons so hinderlich, daß man auf die Vorteile dieser Bauweise verzichten und zur normalen Mauerung übergehen muß.

Die Ausführungen der vorliegenden Abhandlung sind zwar nicht in dem Sinne positiv, daß sie für verschiedene Fälle zielsichere Berechnungsweisen geben, trotzdem dürfte die Arbeit ihren Zweck nicht verfehlen, indem sie den in der Praxis arbeitenden Ingenieur in die Lage setzt, festzustellen, welche Art von Kräften sein Bauwerk beansprucht und demnach die Form und Stärke der Auskleidung zu wählen. Leider ist man hinsichtlich der letzteren in den meisten Fällen bis auf weiteres noch auf Schlußfolgerungen angewiesen, die man aus den Formänderungen des vorläufigen Ausbaues und dem Verhalten der

Mauerung in ausgeführten Strecken mit gleicher geologischer Beschaffenheit zieht.

In allen Fällen, wo das Verhalten zwischen Schweredruck und Gebirgsfestigkeit Äußerungen echten Gebirgsdruckes vermuten läßt, was bei bindigen Böden schon bei geringen Überlagerungen der Fall ist; hat der Ingenieur Vorsicht walten zu lassen, da man echtem Gebirgsdruck grundsätzlich anders zu begegnen hat als dem Auflockerungsdruck.

Wenn es gelingt, durch die kurzen Hinweise dieser Arbeit dem praktisch tätigen Tunnelingenieur auch zu den unerläßlichen systematischen Beobachtungen anzuregen und die Verbindung zwischen ihm einerseits und dem Ingenieurgeologen und dem Bodenmechaniker andererseits herzustellen, so ist ihr Zweck voll erfüllt. Es wäre damit ein wichtiger Schritt auf dem schwierigen Wege der Erkenntnis der Beziehungen zwischen Gebirgsdruck und Tunnelbau getan.

Schrifttumsverzeichnis.

(1) Wiesmann: Ein Beitrag zur Frage der Gebirgs- und Gesteinsfestigkeit. Schweiz. Bauztg. **1909**, S. 163.

(2) Leon und Willheim: Über die Zerstörungen in tunnelartig gelochten Gesteinen. Österr. Wochenschr. öffentl. Baudienst **1910**, H. 44 und **1912**, H. 16.

(3) v. Willmann: Über einige Gebirgsdruckerscheinungen in ihren Beziehungen zum Tunnelbau. Leipzig, Engelmann, 1911.

(4) v. Klodic und Franz: Der Bau des Karawankentunnels. Allgem. Bauztg. **1912**.

(5) Bierbaumer: Die Dimensionierung des Tunnelmauerwerks. Leipzig, Engelmann, 1913.

(6) Wiesmann: Der Bau des Hauensteinbasistunnels. Berlin, Wilhelm Ernst & Sohn, 1917.

(7) Lufft: Druckverhältnisse in Silozellen. Berlin, Wilhelm Ernst & Sohn, 1920.

(8) Imhof: Handb. d. Ing.-Wissenschaften. „Tunnelbau". Bd. I/5, 4. Aufl., S. 648 (1920).

(9) Andreae: Der Einfluß der Überlagerungshöhe auf die Bemessung des Mauerwerks tiefliegender Tunnel. Schweiz. Bauztg., **85**, S. 71 (1925).

(10) Terzaghi: Erdbaumechanik. Wien, Deuticke, 1925.

(11) Deeke: Vier Kapitel aus der petrographischen Geologie. 1919, S. 32 und 33. Zitiert in Pollack V „Über Vorbildung in der praktischen Geologie und Wetterbeständigkeit sowie Quellung der Gesteine". Steinindustrie. 1925, H. 10 und 11.

(12) Andreae: Der Bau langer tiefliegender Gebirgstunnel. Berlin-Wien, Springer, 1926.

(13) Schmidt: Der Bau des Hochstraßtunnels der Eisenbahnlinie Friedberg—Pinkafeld. Org. Fortschr. Eisenbahnw. **1927**, S. 455.

(14) Gillitzer: Das Wesen des Gebirgsdruckes und dessen Ausnützung bei Abbaubetrieb des Mansfelder Bergbau. Glückauf **1928**, H. 29/30.

(15) Redlich, Terzaghi, Kampe: Ingenieurgeologie. Berlin-Wien, Springer, 1929.

(16) Müller: Untersuchungen an Karbongesteinen zur Klärung von Gebirgsdruckfragen. Glückauf **1930**, S. 1606.

(17) Kühn: Spannungszustand und Bruchgefahr im ungestörten Gebirge. Glückauf **1931**, H. 32.

(18) Kühn: Betrachtungen über die Gebirgsdruckfrage. Glückauf **1931**, H. 48.

(19) Lenk: Der Ausgleich des Gebirgsdruckes in großen Teufen beim Berg- und Tunnelbau. Berlin-Wien, Springer, 1931.

(20) Kühn: Die Festigkeit des Gesteins im Gebirge. Glückauf **1932**, H. 19.

(21) Kühn: Elastizität und Plastizität des Gesteins und ihre Bedeutung für Gebirgsdruckfragen. Glückauf **1932**, H. 8.

(22) Tschernig: Über Gebirgsschläge in den Kärntner Bleizinkerzlagerstätten. Berg- und hüttenm. Jb. Leoben, **1932**, H. 3 und 4.
(23) Gaertner: Bestimmung der Spannungen im Gebirge. Glückauf **1933**, H. 23.
(24) Kühn: Spannungs- und Strukturzustand des Gesteins im ungestörten Gebirge. Glückauf **1933**, H. 25.
(25) Tschernig: Die Nutzbarmachung des Gebirgsdruckes im Erzbergbau. Berg- und hüttenm. Jb. Leoben, **1933**, H. 4.
(26) Ministero dei lavori publici: La Diretissima Bologna-Firenze. Rom 1934.
(27) Dommann: Untersuchungen über die Wirkungen von Druckformen und Hohlformen in allseitig gespanntem Gestein zur Klärung von Gebirgsdruckfragen. Glückauf **1936**, H. 47/48.
(28) Fiebinger: Doktorarbeit. 1936. Wien.
(29) Terzaghi: Proceeding of the international Conference on Soil mechanics and Foundation Engineering. **1936**, S. 309.
(30) Tschernig: Bergschläge in Bleiberg und ihre Beziehung zur jugendlichen Tektonik. Berg- und hüttenm. Jb. Leoben, **1937**, Festschrift.
(31) v. Rabcewicz: Wiederherstellung einer Verbruchstrecke im Tunnel Nr. 31 der Elburs-Nordrampe, Persien. Bautechnik **1937**, H. 50.
(32) v. Rabcewicz: Der Bau des Scheiteltunnels der Elburs-Nordrampe der Transiranischen Eisenbahn. Bautechn. **1939**, H. 47/48.
(33) Wiedemann: Stahl und Stahlbeton im Tunnel- und Stollenbau. Bautechn. **1940**, H. 34.
(34) Kommerell: Statische Berechnung von Tunnelmauerwerk. Berlin, Wilhelm Ernst & Sohn, 1940.
(35) Imhof: Briefliche Mitteilungen 1943.
(36) Bierbaumer: Doktorarbeit, 1926, Wien. Oerley: Wahlvorlesungen.
(37) Heilbrunner: Bericht über einen Stollenbau in der Ostmark, 1942.

GPSR Compliance

The European Union's (EU) General Product Safety Regulation (GPSR) is a set of rules that requires consumer products to be safe and our obligations to ensure this.

If you have any concerns about our products, you can contact us on ProductSafety@springernature.com

In case Publisher is established outside the EU, the EU authorized representative is:

Springer Nature Customer Service Center GmbH
Europaplatz 3
69115 Heidelberg, Germany

Batch number: 10577876

Printed by Printforce, the Netherlands